Andreas Benkenstein

Die besonderen Bedingungen der Abscheidung von diamantähnlichen Kohlenstoffschichten in Hohlkathodenanordnungen mit hohen Aspektverhältnissen

Die besonderen Bedingungen der Abscheidung von diamantähnlichen Kohlenstoffschichten in Hohlkathodenanordnungen mit hohen Aspektverhältnissen

Andreas Benkenstein

Universitätsverlag Ilmenau
2019

Impressum

Bibliografische Information der Deutschen Nationalbibliothek
Die Deutsche Nationalbibliothek verzeichnet diese Publikation in der Deutschen Nationalbibliografie; detaillierte bibliografische Angaben sind im Internet über http://dnb.d-nb.de abrufbar.

Diese Arbeit hat der Fakultät für Elektrotechnik und Informationstechnik der Technischen Universität Ilmenau als Dissertation vorgelegen.

Tag der Einreichung:	5. Dezember 2016
1. Gutachter:	PD Dr.-Ing. habil. Birger Dzur (Technische Universität Ilmenau)
2. Gutachter:	Univ.-Prof. Dr. rer. nat. habil. Dr. h. c. Peter Schaaf (Technische Universität Ilmenau)
3. Gutachter:	Univ.-Prof. Dr. rer. nat. habil. Dr. h. c. Andreas Bund (Technische Universität Ilmenau)
Tag der Verteidigung:	1. März 2018

Technische Universität Ilmenau/Universitätsbibliothek
Universitätsverlag Ilmenau
Postfach 10 05 65
98684 Ilmenau
http://www.tu-ilmenau.de/universitaetsverlag

ISBN 978-3-86360-200-0 (Druckausgabe)
URN urn:nbn:de:gbv:ilm1-2018000106

Titelfoto: photocase.com | AlexFlint

Danksagung

Besonders bedanken möchte ich mich bei der Arbeitsgruppe von Herrn Klaus Böbel der Robert Bosch GmbH für die Ermöglichung meiner Doktorarbeit auf dem Gebiet der Innenbeschichtung und für die Bereitstellung des Themas.

Herrn Dr. Matthias Müller möchte ich für seine engagierte und ideenreiche, sowie aufopferungsvolle Betreuung und Unterstützung bei der Anfertigung der Doktorarbeit danken. Durch seine Führung wurde ich stets gefordert und gefördert und so konnte ich sowohl die fachliche Thematik als auch meine persönliche Entwicklung vorantreiben.

Für die Vermittlung des Themas und die fortwährende hervorragende Unterstützung und Begutachtung der vorliegenden Arbeit möchte ich mich herzlich bei Herrn PD Dr. habil. Birger Dzur bedanken.

Ein besonderer Dank gilt der Abteilung und Arbeitsgruppe für die gute Atmosphäre und die freundliche Aufnahme ins Team. Für wertvolle Tipps und Anregungen möchte ich mich bei Dr. Steffen Rath, Dr. Harald Schulz, Konrad Fadenberger und Christiane Schiedt bedanken. Weiterhin möchte ich den technischen Mitarbeitern Ferdinand Esslinger, Rocco Morra und Fabian Fiebinger für Ihre Unterstützung danken.

Von ganzem Herzen danke ich meiner Familie für alles, was sie für mich getan haben, ihr Verständnis und immerwährende Unterstützung.

Meiner geliebten Frau Anne danke ich für ihre Geduld und moralischen Beistand.

INHALTSVERZEICHNIS

1 Einleitung

Die Plasmatechnik stellt heute eine Kerntechnologie für die modernen Fertigungsverfahren und Forschungsschwerpunkte in der Mikrosystemtechnik und der Mikroelektronik dar. In klassischen Fachbereichen wie dem Maschinenbau, der Kraftfahrzeugtechnik, der Chemie, der Optik, der Informationstechnik, der Medizintechnik, der Umwelt- und Energietechnik sowie der Verpackungstechnik werden plasmagestützte Verfahren eingesetzt.

Durch die Anwendung von plasmagestützten Verfahren konnten einige Bereiche der Materialwissenschaft erweitert werden. Dies führt dazu, dass die Plasmatechnik in den letzten Jahrzehnten stark an Bedeutung gewonnen hat. Durch die gezielte Änderung von chemischen und physikalischen Werkstoffeigenschaften konnten bestimmte Produkte erst industriell und wirtschaftlich hergestellt werden. Als fertigungstechnisches Werkzeug werden Plasmen u.a. zum Trennen, Schweißen und Beschichten eingesetzt.

In der Herstellung von Dünnschichten nimmt die Plasmatechnik eine besondere Rolle ein. Bei der Abscheidung von DLC-Schicht (engl.: diamond-like carbon) kommen zwei Hauptanwendungen zum Einsatz - das PECVD-Verfahren (engl.: plasma enhanced chemical vapor deposition) und das PVD-Verfahren (engl. physical vapor deposition). Das Grundprinzip von PECVD-Verfahren besteht darin ein Präkursorgas in den Plasmazustand zu versetzen und mittels einer elektrischen Vorspannung die aktivierte Spezies auf ein Substrat zu beschleunigen. Die Unterschiede der PECVD-Verfahren ergeben sich hauptsächlich durch die Plasmaanregung, welche hauptsächlich durch die

Einkopplung elektrischer Energie erfolgt. Es existieren Anwendungen in den folgenden Frequenzbereichen: Gleichspannung (0 Hz) und gepulste Mittelfrequenz (0-100 kHz), Hochfrequenz (1 MHz-100 MHz) und Mikrowelle (GHz). Bei PVD Beschichtungen werden die kohlenstoffhaltigen Partikel aus einem Graphittarget herausgelöst, dabei wird nach Sputtern und Lichtbogenentladungen unterschieden.

Die DLC-Beschichtung von Werkstückaußenflächen ist wissenschaftlich verstanden, technisch beherrscht und stellt somit den Stand der Technik dar.

Die Hauptanwendung von DLC-Schichten liegt im Bereich der Verschleißminimierung von mechanisch belasteten Werkzeugen oder Fahrzeugkomponenten. Darüber hinaus kommen DLC-Schichten als dekorative Oberflächenveredelung im Schmuckhandwerk oder je nach Herstellung wahlweise als Isolator oder Halbleiter in elektronischen Anwendungen zum Einsatz.

Die Plasmabehandlung und Beschichtung von innenliegenden Geometrien ist dadurch beschränkt, dass ein Volumenplasma nicht beliebig weit in eine Kavität eindringen kann. Ein Aspektverhältnis (Tiefe zu Breite) der Kavität von ca. 1 stellt die technische Grenze dar. Unter bestimmten Bedingungen von Gasdruck und elektrischer Spannung kann eine Hohlkathodenentladung (engl. hollow cathode discharge, kurz HCD) in einer Kavität erzeugt werden. Dabei werden hohe Plasmadichten und teilweise hohe Beschichtungsraten erzeugt. Die Nachführung von unverbrauchtem Präkursorgas stellt dabei eine technische Herausforderung dar.

Es existieren heute bereits plasmagestützte Verfahren um innenliegende Hohlzylinder (Aspektverhältns>>1) mittels Hohlkathodenentladung mit DLC zu beschichten. Die Zylinderdurchmesser sind im Zentimeterbereich vergleichsweise groß. Dabei fungiert die Hohlkathodenentladung als Plasmaquelle und die Abscheidung erfolgt durch eine negative elektrische Vorspannung */Tia 10, S. 2910/*. Um kleinere Durchmesser von Innenzylindern im Millimeterbereich zu beschichten, gibt es Ansätze das Plasma direkt im Hohlzylinder mittels Mikrowellenanregung zu erzeugen */Kou 13, S. 65/*.

In einer vorangegangenen Arbeit bei der Robert Bosch GmbH von Wachtendorf wurde die Hohlkathodenentladung auf deren Eignung zur DLC-Beschichtung von Durchgangslöchern mit einem Aspektverhältnis von >>1 überprüft und die wesentlichen Einflussgrößen charakterisiert. Dabei wurde die zu beschichtende Probe direkt mit einer elektrischen Spannung beaufschlagt, um somit die Plasmaerzeugung und die Ionenenergie einzustellen */Wac 09/*.

Die anschließende Arbeit von Hoffmann et al. erweiterte den von Wachtendorf gefundenen Ansatz auf eine Sacklochgeometrie. Dabei wurden mit Hilfe von Simulationen grundlegende Erkenntnisse zur Ausbildung des Gasdruckes in der Sacklochgeometrie gewonnen */Hof 11/* und experimentell die Plasmagenerierung untersucht */Hof 14, S. 1/*. Diese Erkenntnisse stellen die wissenschaftliche und technische Grundlage für die vorliegende Arbeit dar.

Daraus leiten sich die Hauptziele dieser Arbeit ab. Zum einen sollen die Wirkzusammenhänge der Plasmagenerierung mittels Hohlkathodenentladung in Sacklöchern erarbeitet und erweitert werden. Zum anderen sollen DLC-Schichten abgeschieden werden und anschließend die Einflüsse der Anlagenparameter auf die Schichtparameter charakterisiert werden.

Den Stand der Technik und die daraus abgeleitete Zielstellung sind in Abbildung 1 aufgelistet.

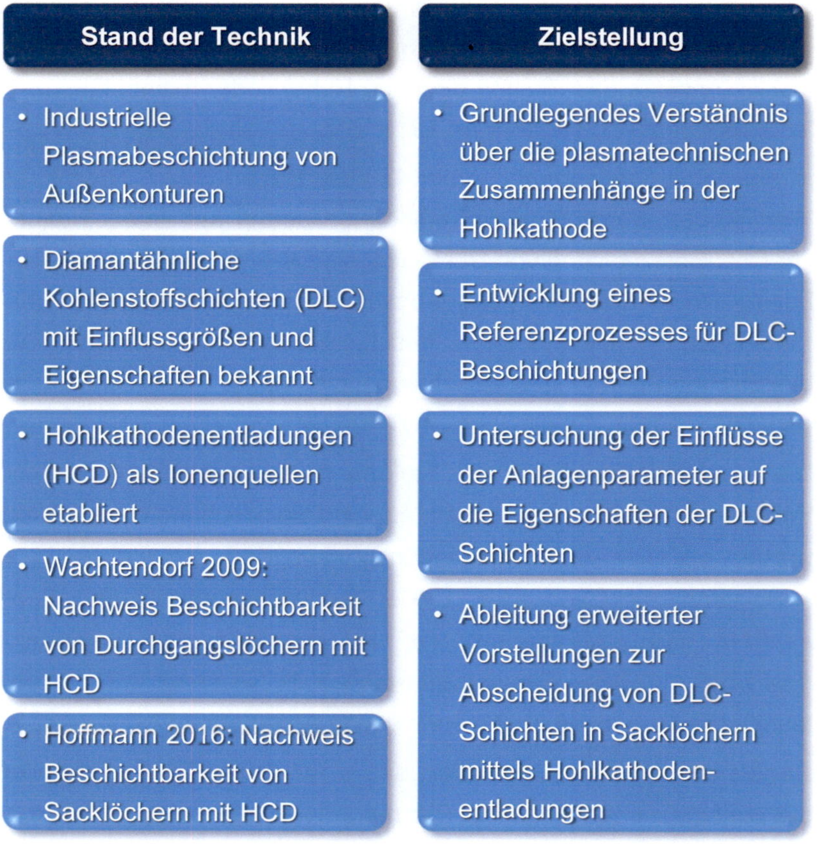

Abbildung 1: Stand der Technik und der Zielstellung

2 Zielstellung

Die Hauptziele der vorliegenden Arbeit sind die Erarbeitung eines Grundlagenverständnisses über die Wirkmechanismen bei der Plasmagenerierung und die anschließende Untersuchung der Einflussparameter auf einen DLC-Beschichtungsprozess einer konkaven Sacklochgeometrie.

Hierfür soll zunächst der Druck am Sacklochende der Probeninnenkontur in Abhängigkeit der Kapillarenposition und des Gasflusses bestimmt werden.

Ein nächster Teilschritt zum Verständnis der Plasmaerzeugung ist die Analyse des Anregungssignals und die Aufnahme von Strom-Spannungs-Kennlinien. Anschließend sollen die Einflussparameter auf die Strom-Spannungs-Kennlinien respektive dem elektrischen Widerstand eruiert werden und ein Grundverständnis über die Stabilität der Hohlkathodenentladung in einer Sacklochgeometrie abgeleitet werden.

Basierend auf dem Erfahrungsschatz soll zu Beginn des nächsten Versuchsteils ein Referenzprozess für die Erzeugung von DLC-Schichten definiert werden. Die Haupteinflussgrößen elektrische Spannung und Gasdruck während des Argonbombardements sollen in Bezug auf die Schichthaftung untersucht werden. Später soll der Referenzprozess als Ausgangspunkt für Experimente zur Bestimmung der Schichteigenschaften wie Wachstumsraten, sowie Schichtdickenprofile und Schichthärteprofile auf der Probenlängsachse dienen. In den Beschichtungsexperimenten soll der Gesamtdruck, die elektrische Anregungsspannung und das Verhältnis aus Reaktivgas und Arbeitsgas variiert werden.

Durch die Identifikation der Einflussgrößen und ein Verständnis über die Mechanismen während des Hohlkathodenbetriebs sollen die Prozesse zur Beschichtung von Sacklochinnengeometrien beherrschbar werden.

3 Grundlagen der Abscheidung von diamantähnlichen Kohlenstoffschichten im Niederdruckplasma

3.1 Plasmatechnische Grundlagen

Ein Plasma ist ein ionisiertes Gas und besteht aus Ionen, Elektronen und Neutralteilchen. Die Teilchen treten untereinander in Wechselwirkung und tauschen dabei Energie in Form von elastischen und inelastischen Stößen aus. Bei plasmatechnischen Anwendungen besitzen Neutralteilchen (auch in angeregtem Zustand), positive Ionen, negative Elektronen und Photonen die größte Bedeutung */Mie 74, S. 68/*.

Um ein technisches Plasma erzeugen zu können, werden ein Gas (z.B. Argon) und eine Energiequelle benötigt. Für eine idealisierte Betrachtung der Gaskinetik werden die Wechselwirkungen zwischen den Teilchen als elastische Stöße angenommen. Unter den Teilchen herrschen weder anziehende noch abstoßende Kräfte, so dass die Positionsänderungen der Teilchen in geradlinigen unbeschleunigten Bewegungen erfolgen. Für die Erzeugung eines Plasmas ist die Distanz zwischen zwei Teilchenstößen eine charakteristische Größe des Gases. Sie ist statistisch verteilt und wird als mittlere freie Weglänge folgendermaßen definiert */Lie 05, S. 80/*:

$$\bar{\lambda} = \frac{1}{n_g \cdot \sigma} \qquad (1)$$

Dabei steht σ für den Wirkungsquerschnitt der stoßenden Teilchen und n_g für die Teilchendichte.

Die Abhängigkeit des Wirkungsquerschnittes von der Stoßenergie ist in Abbildung 2 für elastische Stöße, die Anregung und die Ionisation von Argonatomen dargestellt.

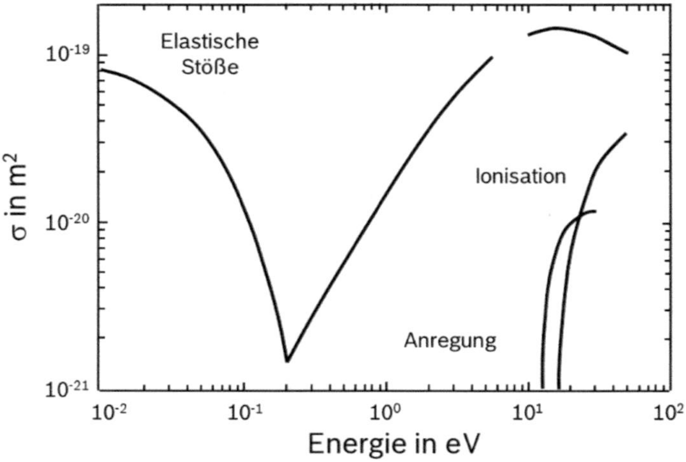

Abbildung 2: Abhängigkeit des Wirkungsquerschnittes von der eingebrachten Energie für Argon simuliert durch Vahedi et al. */Vah 95, S. 183/*

Dabei sind die stark nichtlinearen Verläufe der Kurven erkennbar. Für die beispielhafte Berechnung der mittleren freien Weglänge wird ein Wirkungsquerschnitt angenommen, der sich aus der geometrischen Betrachtung elastisch stoßender Kugeln (geringe Energie in Abbildung 2) ergibt. Für ein einheitliches neutrales Gas sind die Kugelradien gleich groß und der gaskinetische Stoßquerschnitt vereinfacht sich zu:

$$\sigma = 4 \cdot \pi \cdot r^2 \tag{2}$$

Mit Hilfe dieser Formel und des idealen Gasgesetzes ergibt sich die mittlere freie Weglänge für ein einheitliches Gas zu:

$$\bar{\lambda} = \frac{k_B \cdot T}{4 \cdot \pi \cdot r^2 \cdot p} \tag{3}$$

Die mittlere freie Weglänge ist neben dem Wirkungsquerschnitt von der Temperatur T und indirekt proportional von dem Gasdruck p abhängig. Für eine Temperatur von T=293 K und einen Druck von p=10 Pa soll die mittlere freie Weglänge für neutrales Argon abgeschätzt werden. Auf Grund der besonderen Elektronenkonfiguration von Edelgasen existieren zwischen ihren Atomen lediglich schwache London-Kräfte */Mor 01, S. 403/*. Diese und weitere schwache Wechselwirkungen werden im Allgemeinen als Van-der-Waals-Kräfte zusammengefasst */Rie 07, S. 164/*. Daher wird für r der Wirkungsradius der Van-der-Waals-Kräfte mit r=0,19 nm angenommen */Ils 10, S. 81/*. Die mittlere freie Weglänge errechnet sich somit zu:

$$\bar{\lambda} = \frac{1{,}38 \cdot 10^{-23}\,\frac{Ws}{K} \cdot 293\text{ K}}{4 \cdot \pi \cdot \left(1{,}9 \cdot 10^{-10}\text{ m}\right)^2 \cdot 10\text{ Pa}} \approx 0{,}9\text{ nm} \tag{4}$$

In Bezug auf die vorliegende Arbeit mit geometrischen Abmaßen im Ringspalt von unter einem Millimeter bestätigt der berechnete Wert, dass für die mittlere freie Weglänge die gaskinetische Rahmenbedingung für die Plasmaentstehung nicht erfüllt ist. Steigt der Gasdruck, verringert sich die mittlere freie Weglänge und unter der Annahme größerer Abmaße steigt die Wahrscheinlichkeit für eine Plasmaentstehung.

Im Fall von geladenen Teilchen ändert sich der Wirkungsquerschnitt in Folge der dominanten Coulomb-Kräfte, die einen deutlich größeren Einflussbereich als die Van-der-Wals-Kräfte besitzen. Die elektrische Wirkung eines geladenen Teilchens nimmt mit 1/r ab. Nach Debye zieht jedes geladene Teilchen eine bestimmte Anzahl entgegensetzt geladener Teilchen an. Somit nimmt das Potential φ eines Ions, im Vergleich zum Fall ohne Abschirmung, stärker ab */Mie 74, S. 50/*.

$$\varphi(r) = \frac{Q}{4 \cdot \pi \cdot \varepsilon_0 \cdot r} \cdot e^{-\frac{r}{\lambda_D}} \tag{5}$$

Die Debye-Länge λ_D definiert den Abstand um einen Ladungsträger in dem dessen Potential um das 1/e-fache abnimmt. Sie kann durch folgende Gleichung berechnet werden:

$$\lambda_D = \sqrt{\frac{\varepsilon_0 \cdot k_B \cdot T_e}{n_0 \cdot e^2}} \tag{6}$$

Dabei ist ε_0 die Dielektrizitätskonstante des Vakuums, T_e die Elektronentemperatur, e die Elementarladung und n_0 die Anzahl an positiven Ionen */Gur 05, S. 7/*. Aus der Abschätzung der Debye-Länge ergibt sich eine Bedingung für die Entstehung eines Plasmas: Wenn die Ausdehnung eines Stoffes L sehr viel größer als die Debye-Länge ist, besitzt er kollektive Eigenschaften. Es muss demnach gelten:

$$L \gg \lambda_D \tag{7}$$

Die Debye-Länge kann als Radius eines kugelförmigen Raumelementes betrachtet werden, in dessen Volumen sich eine gewisse Anzahl an geladenen Teilchen befindet:

$$N_D = n \cdot \frac{4}{3} \cdot \pi \cdot \lambda_D^3 \tag{8}$$

Daraus leitet sich die Bedingung nach Quasineutralität eines Plasmas ab. Sie besagt, dass die Ladung Q von einer bestimmten Anzahl von Ladungsträgern innerhalb der Debye-Kugel elektrisch kompensiert werden muss */Str 11, S. 9/*.

Trifft ein Plasma auf eine geometrische und leitfähige Begrenzung (ohne elektrische Vorspannung), so können die Elektronen auf Grund ihrer höheren Beweglichkeit das Plasma über die Wand verlassen. Die positiven Ionen ziehen sich räumlich von der Wand zurück und das Wandpotential nimmt ein negatives Vorzeichen an. Die Ausbildung des Randschichtpotentials wirkt der Verletzung des Prinzips der Quasineutralität im Volumenplasma entgegen und die Verringerung der Elektronenanzahl wird kompensiert. Die Quasineutralität in der Randschicht ist nicht gegeben und die Ionen nehmen über die Potentialdifferenz Energie auf */Fri 04, S. 335f/*.

Die Dicke der Randschicht liegt in der Größenordnung von wenigen Debye-Längen */Bit 86, S. 290/*.

Bei praktischen Anwendungen besitzt die Energie, mit der die Ionen auf eine Werkstückoberfläche auftreffen, eine entscheidende Bedeutung. Über die Ionenenergie lassen sich zum Beispiel Sputter- oder Schichtwachstumsprozesse steuern und die Eigenschaften von plasmatechnisch erzeugten Produkten gezielt einstellen. Um die Energie der positiven Ionen zu beeinflussen, wird an die Werkstückoberfläche eine elektrisch negative Spannung angelegt. Infolge dessen werden die Elektronen weiter von der Kathode in das Volumenplasma abgestoßen und die positiven Ionen erfahren eine höhere Beschleunigung während des Fluges auf die Oberfläche.

Geht man von einer stoßfreien Plasmarandschicht aus, so nimmt die Ionendichte über die Randschichtdicke infolge fehlender Stoßpartner ab. In diesem Fall wird die Plasmarandschicht als Child-Langmuir-Schicht bezeichnet. Deren Dicke berechnet sich nach der Formel:

$$s = \frac{\sqrt{2}}{3} \cdot \lambda_D \cdot \left(\frac{2 \cdot U_0}{T_e}\right)^{3/4} \qquad (9)$$

Dabei ist U_0 die angelegte Beschleunigungsspannung und T_e die Elektronentemperatur. Daraus ist abzulesen, dass die Dicke der Randschicht mit steigender Spannung zunimmt. Die Randschichtdicke kann bei angelegter elektrischer Spannung in der Größenordnung von ca. 100 Debye-Längen liegen */Fri 04, S. 337/.*

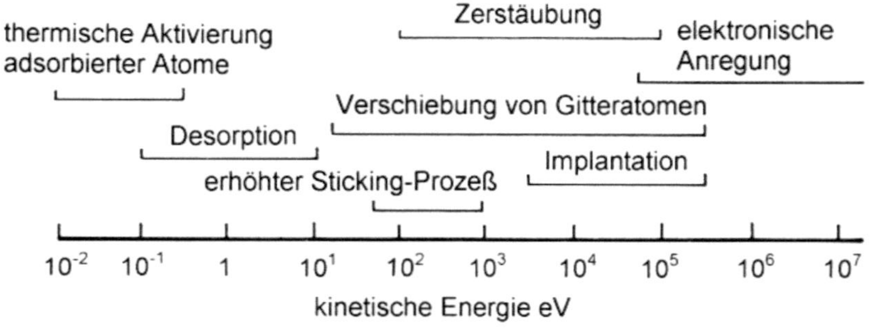

Abbildung 3: Abhängigkeit der Ionen-Festkörperwechselwirkungen von der Energie der einfallenden Ionen aus */Fre 95, S. 147/*

Treffen beschleunigte Ionen auf Oberflächen, so wechselwirken sie mit deren Atomen. In Abhängigkeit von der Ionenenergie treten unterschiedliche Effekte auf, die in Abbildung 3 dargestellt sind.

Bei sehr geringer Energie von $E_{Kin}<10^{-1}$ eV werden die oberflächlich adsorbierten Atome des beschossenen Festkörpers lediglich thermisch aktiviert. Die eintreffenden Ionen können dabei reflektiert oder selbst schwach gebunden adsorbiert werden.

Bei Steigerung der Bombardementenergie auf Werte von 10^{-1} eV<$E_{Kin}<10^{1}$ eV können die eintreffenden Ionen die Gitteratome des Festkörpers in Schwingungen versetzen, bis diese desorbieren (Zerstäubung oder auch Sputtern). Zusätzlich können bei diesen Vorgängen Festkörperelektronen die Oberfläche verlassen. Diese werden in Abgrenzung zu den bei Ionisationsprozessen gebildeten Primärelektronen als Sekundärelektronen bezeichnet. Die einfallenden Ionen können auf der Oberfläche anhaften („Sticking").

Bei weiterer Erhöhung der Energie (10^{1} eV<$E_{kin}<10^{4}$ eV) der eintreffenden Ionen nimmt deren Bindungsenergie im Fall einer Adsorption weiter zu. Bezogen auf die Festkörperoberfläche kommt es durch einen physikalischen Ionenbeschuss zu einer Erhöhung der Anzahl der Atome, die pro einfallendes Ion herausgelöst werden (Sputterausbeute oder engl.: sputter yield) werden */Sar 14, S. 107ff/*. Andererseits können durch tiefer reichende Stoßkaskaden mehr Defekte im Bulkmaterial generiert werden.

Bei sehr hohen Energien von $E_{kin}>10^{3}$ eV können die einfallenden Ionen im Festkörper implantiert werden.

Bei dieser Betrachtung wird deutlich, dass sowohl Material aus dem Substrat herausgelöst als auch auf dem Substrat abgeschieden werden kann. Im Allgemeinen treten bei plasmagestützten Oberflächenbehandlungen aus der Gasphase beide Prozesse nebeneinander auf. Über die physikalischen (z.B. Druck, elektrische Spannung, Bindungsenergien der Gitteratome oder Ionenmasse) und chemischen Rahmenbedingungen (Art der reaktiven Spezies oder Dissoziationsenergie) kann eingestellt werden, ob die Beschichtungsrate oder die Abtragsrate höher ist */Roc 08, S. 591/*.

Technisch wird eine hohe Desorptionsrate in Folge des Ionenbeschusses dazu eingesetzt, um Oberflächen auf den anschließenden Beschichtungsprozess vorzubereiten. Die zu beschichtende Oberfläche wird von Fremdschichten wie zum Beispiel Oxidschichten befreit und durch thermische oder defekterzeugende Effekte aktiviert. Während eines Beschichtungsprozesses, der durch ein Inertgas (z.B. Argon) unterstützt wird, können die Inertgasionen die Schicht- und Substratatome zerstäuben, sowie die Oberfläche aktivieren */Fre 95, S. 101/*. Das Herauslösen von bereits gebildeten Atomen aus der Schicht, sowie das Wiederanlagern wird als Resputtering bezeichnet. Speziell in Kavitäten mit hohem Aspektverhältnis, wie sie Gegenstand dieser Arbeit sind, spielt dieser Effekt eine besondere Rolle, da das gesputterte Schichtmaterial in der Kavität verbleibt und sich nach Partikelflug an anderer Stelle wieder anlagern kann */Hop 00, S. 53/*.

3.2 Hohlkathodenentladung

Die Hohlkathodenentladung ist ein geometrischer Sonderfall der selbstständigen Glimmentladung und wurde erstmals von Friedrich Paschen 1916 in einer Zylinderkathode beobachtet */Pas 16, S. 902/*. Die geometrischen Voraussetzungen für eine Hohlkathodenentladung sind gegenüberliegende Kathodenwände. In der industriellen sowie labortechnischen Praxis existieren Ausführungen der Kathoden als planparallele Platten (*/Stu 67, S. 457/*, */Pan 13, S. 227/*) und als beidseitig offener (*/Bar 88, S. 266/*, */Tia 10, S. 2910/*) oder einseitig geschlossener Hohlzylinder (*/Bag 02, S. 312/*, */Lee 10, S. 6683/*). Eine detaillierte Zusammenfassung von Einzelquellenkonzepten für Hohlkathodenplasmaquellen findet sich bei Bàrdoš */Bar 96, S. 649/*. Darüber hinaus werden die Gasentladungen entweder mit Einzelquellen oder für großflächige Anwendungen über ein Quellenarray (*/Kor 94, S. 844/*, */Mil 99, S. 368/*) generiert.

Der Übergang von der Glimmentladung zur Hohlkathodenentladung erfolgt bei der angepassten Kombination aus Kathodenabstand, Druck, Entladungsstrom und Anregungsspannung */Stu 64, S. 2892/*.

Zur Erklärung des Hohlkathodeneffektes und der daraus resultierenden hohen Ionisationsleistung der Gasentladung werden in der Literatur verschiedene physikalische Effekte zusammengefasst */Bar 96, S. 649f/*. In Abbildung 4 sind die grundlegenden Vorgänge schematisch dargestellt.

Das Prinzip der schnellen Pendelelektronen geht auf Untersuchungen von Güntherschulze aus dem Jahr 1923 */Gün 23, S. 313/* zurück. Die

Elektronen oszillieren zwischen den Plasmarandschichten der negativ geladenen Elektroden. Auf Grund dieser besonderen Form der Trajektorien kann ein einzelnes Elektron mehrfach in Wechselwirkung mit Gasteilchen treten und diese im Fall von inelastischen Stößen ionisieren. Im α-Prozess ionisieren Elektronen innerhalb der Plasmarandschicht und tragen so zur Aufrechterhaltung der selbstständigen Entladung bei. Treffen die Ionen mit ausreichend hoher Energie auf die Kathodenoberfläche auf, so werden Sekundärelektronen (γ-Prozess) aus der Oberfläche herausgelöst.

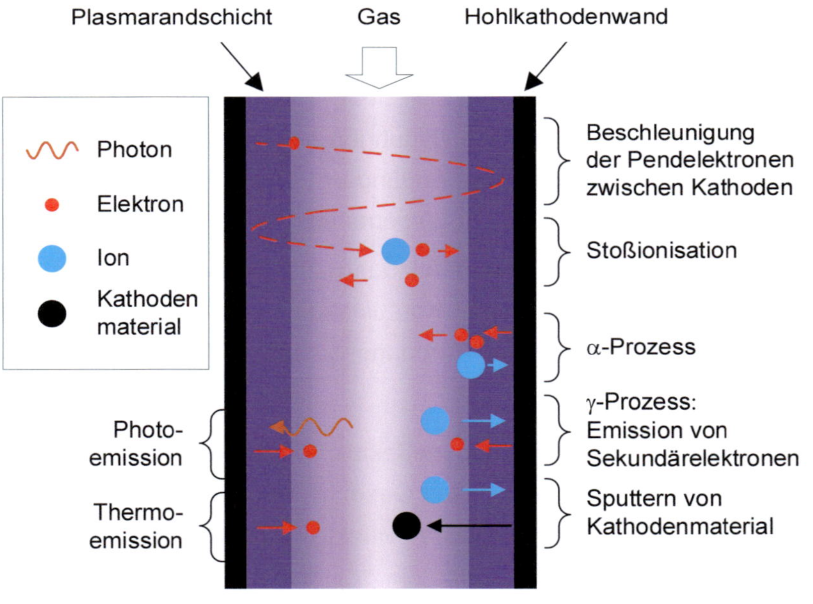

Abbildung 4: Bildliche Zusammenfassung der Einflussmechanismen bei einer Hohlkathodenentladung nach Bàrdoš */Bar 96, S. 650/*

Bei noch höheren Ionenenergien werden Metallpartikel aus der Elektrodenoberfläche gesputtert. Hochenergetische Photonen können bei Wechselwirkung mit der Kathode ebenfalls Elektronen heraustreten lassen. Die hohe Ionendichte der Hohlkathodenentladung kann auch bei geringen Leistungen (P<1 kW) und geringen Prozesszeiten (t<<1 h) zu hohen Temperaturen der Kathodenoberfläche führen, so dass durch Thermoemission die Austrittsarbeit der Elektronen überschritten werden kann.

Auf Grund der besonderen Bedeutung des Kathodenmaterials kommen verschiedenen Werkstoffe zum Einsatz. Bei Anwendungen, die die Hohlkathodenentladung als Plasmaquelle mit hoher Ionendichte nutzen, werden elektrisch leitfähige Materialien mit einer hohen Austrittsarbeit und hoher thermischer Beständigkeit (z.B. Wolfram) eingesetzt. Wird die Hohlkathode als Sputtertarget genutzt, werden hochreine Metalle verwendet.

Auf Grund dieser Effekte und der daraus resultierenden hohen Ionendichte sind technische Anwendungen der Hohlkathode als Lichtquelle für spektroskopische Anwendungen (*/Laj 04, S. 39/*), als Sputterquelle (*/Bar 97, S. 725/*, */Bra 99, S. 698/*, */Hub 02, S. 118/*, */Bun 08, S. 457/*), oder als Remoteplasmaquelle für PE-CVD-Prozesse (*/Hel 98, S. 1542/*, */Fed 01, S. 694/*, */Liu 10, S. 6196/*) entstanden. Bei diesen Anwendungen wird die Hohlkathode hauptsächlich als Durchgangsloch ausgeführt.

3.3 Strömungsmechanik

In dieser Arbeit wird eine Anordnung aus einer Kapillare in einer Innenbohrung verwendet. Bei eingefahrener Kapillare gelangt das Gas zunächst aus der Kapillare in eine Innenbohrung (Probeninnere) und wird am Sacklochende reflektiert. Anschließend strömt das Gas durch einen kreisringförmigen Kanal zwischen Innendurchmesser der Innenbohrung und Außendurchmesser der Kapillare in den Vakuumrezipienten. Für den Fall der kreisförmigen Kanalströmung wird im Folgenden eine Abschätzung vorgenommen.

Ein Gas kann in Abhängigkeit von der mittleren freien Weglänge $\bar{\lambda}$ und der charakteristischen Länge L_{hyd} des Systems strömungsdynamisch charakterisiert werden. Dies kommt durch die Knudsen-Zahl zum Ausdruck */Oer 12, S. 613/*:

$$Kn = \frac{\bar{\lambda}}{L_{hyd}} \qquad (10)$$

Die mittlere freie Weglänge wurde bereits in Kapitel 3.1 beschrieben und für den konkreten Anwendungsfall (p=10 Pa) zu $\bar{\lambda} \approx 0{,}9$ mm abgeschätzt. Für eine kreisringförmige Kanalströmung ergibt sich der hydraulische Durchmesser durch folgende Beziehung */Wit 14, S.173/*:

$$L_{hyd} = D_{Probe} - d_{Kap} \qquad (11)$$

Dabei ist D_{Probe} der Innendurchmesser der Bohrung und d_{Kap} der Außendurchmesser der Kapillare. Mit Hilfe beider Größen errechnet sich die Knudsen-Zahl zu:

$$Kn = \frac{9 \cdot 10^{-4}\ \text{m}}{0{,}004\ \text{m}-0{,}0017\ \text{m}} \approx 0{,}4 \qquad (12)$$

Ein Wert für die Knudsen-Zahl von $Kn \approx 1$bedeutet, dass es sich um einen Übergangsbereich handelt. Dabei treten Stöße zwischen den Gasteilchen auf, jedoch ist die Wahrscheinlichkeit der Kollisionen zu gering, um eine statistische Unabhängigkeit zu gewährleisten */Lau 09, S. 146/.*

Dem Beispiel folgend verlassen die Gasteilchen, angetrieben durch einen Druckgradienten zwischen dem kreisförmigen Kanal und dem Vakuumrezipienten, als Gasströmung die Probeninnengeometrie. Bei diesem sehr schnell ablaufenden Prozess kann der Wärmeaustausch mit der Umgebung vernachlässigt werden. Während des isentrop ablaufenden Prozesses (reversibel adiabatisch) sinkt nach Austritt aus der Innenbohrung die Teilchendichte mit fortschreitender Entfernung, bis quasi keine Stöße mehr zwischen den Teilchen stattfinden. Die lokale Teilchengeschwindigkeit steigt im engsten Querschnitt der Bohrung bis die akustische Schallgeschwindigkeit erreicht ist. Außerhalb der Bohrung können die Gasteilchen Überschallgeschwindigkeit annehmen */Ber 03, S. 186/.*

Als Bedingung für eine Überschallexpansion muss der folgende Zusammenhang gelten */Hou 12, S. 365/*:

$$\frac{p_{Probe}}{p_{Rez}} > \left(\frac{\gamma+1}{2}\right)^{\frac{\gamma}{\gamma-1}} \tag{13}$$

Dabei entspricht p_{Rez} dem Druck im Vakuumrezipienten und p_{Probe} dem Druck im Spalt zwischen Kapillare und Probe. Der Isentropenexponent $\gamma = C_p/C_V$ drückt das Verhältnis der molaren Wärmekapazitäten bei konstantem Druck und konstantem Volumen aus und nimmt für Argon bei Raumtemperatur einen Wert von $\gamma = 1{,}67$ an. Nach Einsetzen des Wertes in Formel (13) errechnet sich der rechte Teil der Ungleichung zu:

$$\frac{p_{Probe}}{p_{Rez}} > 2{,}1 \tag{14}$$

Somit muss der Druck innerhalb der Probe zirka doppelt so hoch sein wie im Vakuumrezipienten.

Folgt man im diskutierten Beispiel dem Weg des Gases, so kann das Phänomen der Überschallexpansion an mehreren Orten vermutet werden: i) beim Austritt des Gases aus der Kapillare in das Probeninnere, ii) beim Übergang vom Probeninneren in den kreisringförmigen Kanal zwischen Kapillare und Probe und iii) beim Austritt in den Vakuumrezipienten.

Bei der Überschallexpansion nach dem Übergang der Gasteilchen in den Bereich mit stark verringertem Druck bildet sich ein Mach'scher Kegel aus. Dem Längsverlauf eines nicht expandierten Freistrahls ist zu entnehmen, dass sich räumlich wiederkehrende Bereiche ähnlicher Strömungseigenschaften ausbilden, Abbildung 5.

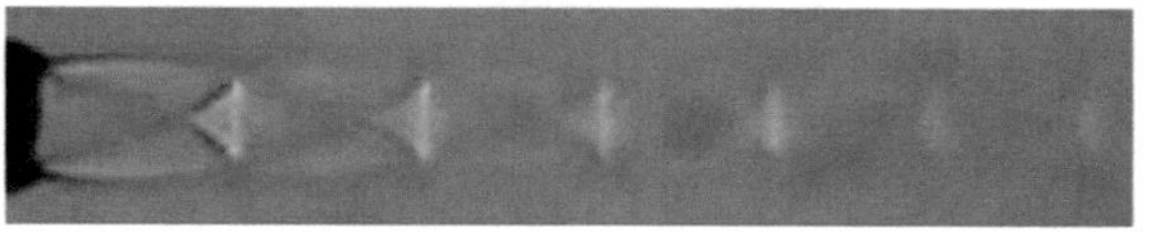

Abbildung 5: Schattenbildaufnahme eines Wellenmusters eines nicht expandierten Freistrahls */Rat 10, S. 75/*

Bezieht man diesen Zusammenhang bei eingefahrener Kapillare auf den Strömungsbereich zwischen Außendurchmesser der Kapillare und Innendurchmesser der Innenbohrung (ii) so wird deutlich, dass die Divergenz des Freistrahles durch die geometrischen Randbedingungen gehemmt wird.

3.4 Theorie der Bildung von diamantähnlichen Kohlenstoffschichten

3.4.1 Schichtwachstum

Seit 60 Jahren sind DLC-Schichten (diamond-like carbon, deutsch: diamantähnlicher Kohlenstoff) Bestandteil wissenschaftlicher Untersuchungen. Aufgrund dessen existiert eine umfangreiche Verfügbarkeit von Literatur und Forschungsberichten zur Synthese, Analytik und Anwendung von DLC-Schichten. Mitte der 1980iger Jahre wurde damit begonnen, amorphe Kohlenstoffschichten im industriellen Maßstab zu fertigen. Eine detaillierte historische Zusammenfassung wurde von Vetter */Vet 14, S. 213/* und Robertson */Don 10, S. V/* erstellt.

Um die Erzeugung von diamantähnlichen Kohlenstoffverbindungen zu verstehen, werden im Folgenden die chemischen Konfigurationen von Kohlenstoffverbindungen erläutert. Der Kohlenstoffatomkern wird von sechs Elektronen umkreist. Im Grundzustand besitzt ein Kohlenstoffatom daher folgende Elektronenkonfiguration: ($1s^2$) $2s^2$ $2p^2$. Verbindet sich das Kohlenstoffatom mit weiteren Kohlenstoffatomen wird über den angeregten Zustand ($2s^1$ $2p^3$) ein energetisch günstiger hybridisierter Zustand (sp^x) der Atomorbitale angestrebt. Dabei kann das gebildete Kohlenstoffmolekül in drei Hybridisierungsarten vorliegen (siehe Abbildung 6).

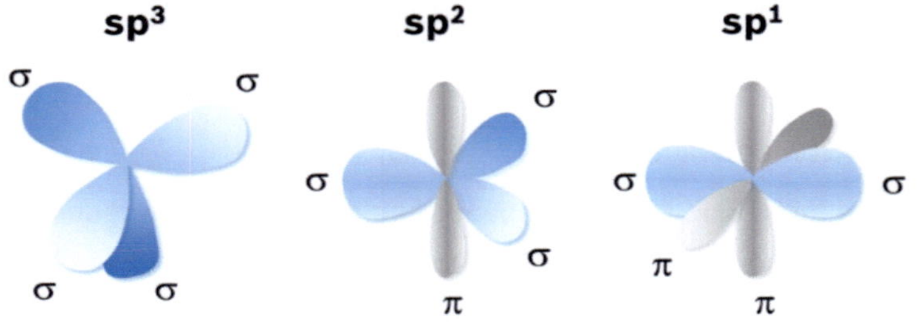

Abbildung 6: Die drei Hybridisierungsarten des Kohlenstoffes: Blaue Hybridorbitale stehen für rotationssymmetrische Verbindungslinien der Atome (σ-Bindungen), graue Bindungskeulen stehen für π-Bindungen

In der sp^3-Konfiguration (Abbildung 6, links) besitzt das zentrale Kohlenstoffatom vier Bindungen, deren Verbindungsachse zwischen den Atomen rotationssymmetrisch ausgerichtet ist (σ-Bindungen). Hierfür muss im angeregten Zustand ein Elektron aus dem 2s-Orbital in das leere 2p-Energieniveau angehoben werden. Durch Hybridisierung aus einem s- und drei p-Orbitalen ergeben sich die vier gleichwertigen σ-Bindungen, welche jeweils in die Ecken eines imaginären Tetraeders zeigen. Beispiele für Kohlenstoffverbindungen in sp^3-Hybridisierung sind Diamant oder das Methanmolekül */Lat 94, S. 82f/*. Die energetisch starken σ-Bindungen und die räumlich günstige tetraedrische Anordnung verleihen der Kristallstruktur des Diamanten eine makroskopisch sehr hohe Härte.

Die sp^2-Konfiguration (Abbildung 6, Mitte) des Kohlenstoffes besteht aus drei σ-Bindungen und einer π-Bindung. Die σ-Bindungen bildet sich aus einem s- und zwei p-Orbitalen. Die Anordnung der σ-Bindungen ergibt sich in einer Raumebene unter einem Winkel von 120°. Das übrige p-Orbital steht senkrecht auf dieser Raumebene und wird daher als π-Bindung bezeichnet */Lat 94, S. 86/*. Diese Anordnung der Orbitale geht in der Kristallstruktur des Graphits auf. Die starken σ-Bindungen erzeugen in ihrer Ebene eine sehr hohe mechanische Beständigkeit. Die schwächeren π-Bindungen verleihen dem Graphit dagegen die Möglichkeit des Abgleitens der σ-Bindungsebenen. Dies resultiert makroskopisch in einer sehr guten Festkörperschmierung des Graphits.

Werden nur eine σ-Bindung und zwei π-Bindungen in die Hybridisierung der Kohlenstoffatomorbitale einbezogen, so ergibt sich die sp^1-Konfiguration (Abbildung 6, rechts). Dabei können die σ- und die zwei π-Bindungen eine Dreifachbindung bilden, welche räumlich einen 180°-Winkel zwischen den Hybridatomorbitalen ergeben. Ein Beispiel für eine sp-Konfiguration ist das Ethin (ugs. Acetylen) */Lat 94, S. 87/*. Für die Bildung diamantähnlichen Kohlenstoffschichten spielt die sp-Konfiguration nur eine untergeordnete Rolle.

Von wesentlich größerer Bedeutung für die Abscheidung von DLC-Schichten ist der relative Anteil von sp^3- und sp^2-Konfigurationen. Da DLC-Schichten häufig aus der Gasphase abgeschieden werden und kohlenwasserstoffhaltige Gase historisch bedingt eine große Bedeutung einnehmen, wird der Wasserstoffanteil hinzugezogen. Somit ergibt sich nach Jacob und Möller ein ternäres Phasendiagramm (Abbildung 7) um die a-C:H-Schichten zu klassifizieren */Jac 93, S. 1771/*.

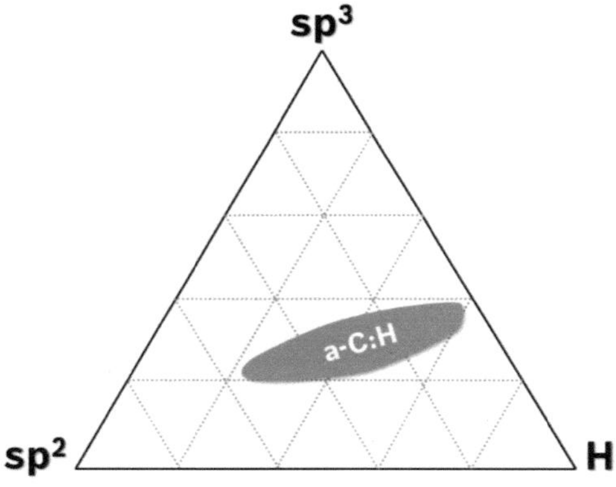

Abbildung 7: Angepasstes ternäres Phasendiagramm für amorphe Kohlenwasserstoffverbindungen modifiziert nach Jacob und Möller

Da in dieser Arbeit nur amorphe diamantähnliche Kohlenstoffschichten (a-C:H) behandelt werden, wurde das ursprüngliche Phasendiagramm nach Jacob und Möller dementsprechend vereinfacht. Weiterführende Informationen zu den weiteren DLC-Schichten mit deren Eigenschaften, sowie deren Herstellungsverfahren sind mittlerweile in Standardwerken wie z.B. von Donnet et. al zusammengefasst */Don 10/*. Aus Abbildung 7 wird ersichtlich, dass sich Schichten ähnlicher Eigenschaften zu einem Bereich zusammenfassen lassen.

Die derzeit anerkannte Wachstumstheorie für a-C:H-Schichten ist das Subplantationsmodell. Dabei ist die Energie der eintreffenden Ladungsträger von maßgeblicher Bedeutung für die Zusammensetzung (sp^3:sp^2:H) der resultierenden Schicht. Eine Grundvoraussetzung ist, dass die eintreffenden C-Ionen ausreichend Energie besitzen, um die mit Wasserstoff abgesättigte Schichtoberfläche zu durchdringen.

Gleichwohl hängt auch die Penetrationstiefe der Ionen von der Energie ab. Die Schicht ist während des Ionenbombardements metastabil und ständigen An- und Umlagerungsprozessen unterlegen. Analog zu den Ionen-Festkörper-Wechselwirkungen (siehe Abbildung 3) kommt es in der sich bildenden Schicht zur Verschiebung von Atomen im Grundgerüst und auch zu Anlagerung von Fragmenten des Ausgangsgases. Darüber hinaus existiert auch ein nicht zu vernachlässigbarer Anteil an Schichtabtrag.

Zunächst entstehen durch das Eindringen der Ionen Druckspannungen in der Schicht, die sich durch freiwerdenden Wasserstoff wieder relaxieren können. Die C-Ionen kondensieren derweil zu Kohlenstoffketten. Die nicht abgesättigten Kettenenden können auch mit Wasserstoffionen chemisch bindend gefüllt werden */Don 10, S. 16/.* Resultierend kann das C/H-Verhältnis in der Schicht meist größer sein als im Ausgangszustand des Gases.

Zusammenfassend sind für a-C:H-Schichten zwei Parameter von besonderer Bedeutung: Die Energie pro auftreffendem C-Ion und das C/H-Verhältnis des Präkursorgases. Die Einstellung der Energie der positiven Ionen erfolgt indirekt über die Beschleunigungsspannung am Substrat und über den Gasdruck. Einen grundlegenden Ablauf eines PE-CVD-Prozesses zur Abscheidung diamantähnlicher Kohlenstoffschichten mit den Haupteinflussgrößen der jeweiligen Prozessschritte zeigt Abbildung 8.

Der Prozessablauf ist in vier Teilschritte unterteilt. Zunächst wird die Vakuumkammer, welche mit dem Probenkörper beladen ist, evakuiert, bis ein Kammerdruck erreicht wird.

Prozess-schritt	Vakuum-erzeugung	Plasmafein-reinigung	Abscheidung von Hilfsschichten	Beschichtung der DLC-Schicht
Hauptparameter	• Kammer-druck • Optional mit Auf-heizung	• Gasdruck • Gaszusam-mensetzung • Elektrische Spannung • Plasma-leistung	• Partialdruck • Gaszusam-mensetzung • Elektrische Spannung • Plasma-leistung	• Partialdruck • Gaszusam-mensetzung • Elektrische Spannung • Plasma-leistung
Bedeutung	• Einstel-lung der Restgas-atmosphä re	• Abtrag von Oxiden und dünnen Rück-ständen • Aktivierung • Aufheizung	• Angleichung der inneren Spannungen zw. Substrat und DLC	• Abscheidung der Funktions-schicht

Abbildung 8: Übersicht eines PE-CVD-Prozesses zur Abscheidung einer diamantähnlichen Kohlenstoffschicht (DLC)

Der Restgasdruck definiert die Bedingungen für die Plasmazündung und die Reinheit für die anschließenden Oberflächenbehandlungen. Während der Plasmafeinreinigung wird mit Hilfe eines Argonionenbombardements die Oberfläche von Oxiden befreit, aufgeheizt und aktiviert. Da die inneren Spannungen zwischen metallischen Substraten und DLC-Schichten sehr verschieden sind, werden im Allgemeinen Haftschichten und Übergangsschichten angewandt. Die DLC-

Schicht wird im letzten Teil des Prozesses abgeschieden. Nach Prozessende wird die Vakuumkammer belüftet und die Probe entnommen.

Die Synthese von DLC-Schichten ist in der industriellen Praxis und der Forschung ein weit verbreitetes Verfahren. Im Verlauf der letzten Jahrzehnte wurde eine Vielzahl an Plasmatechnologien und deren Parameter auf die Möglichkeit hin untersucht, a-C:H-Schichten herzustellen.

Tabelle 1 gibt einen Überblick der Verfahren, die im Vergleich zu der in dieser Arbeit verwendeten Plasmaquelle (gepulstes Hohlkathodenplasma in einer Sacklochbohrung mit Acetylen) stehen.

Dabei wurde die Auswahl auf Techniken eingeschränkt, indem entweder eine ähnliche elektrische Anregung, eine ähnliche Geometrie oder eine explizit hohe Abscheiderate erwähnt wird. Alle Exemplare aus Tabelle 1 besitzen die Gemeinsamkeit, dass es sich um a-C:H-Schichten handelt und das Plasma mit Acetylen versetzt wurde. Ein Vergleich der Literaturwerten aus Tabelle 1 zeigt die 10- bis 100-fache Wachstumsrate (Vergleiche Abbildung 56 auf S. 147) des verwendeten Beschichtungsverfahrens.

Verantwortlich hierfür sind die deutlich höhere Plasmadichte bei Hohlkathodenentladungen im Vergleich zu klassischen Hochfrequenz- oder Gleichspannungsquellen, und die ständige Erneuerung der reaktiven Spezies durch die direkte Gasanströmung in der Innengeometrie.

Tabelle 1: Übersicht von a-C:H-Wachstumsraten mit Angabe der verwendeten PE-CVD-Verfahren für Acetylen bei Verwendung unterschiedlicher Beschleunigungsspannungen

PE-CVD-Verfahren	**Wachstumsrate**	**Quelle**
	in µm/h	
pulsed DC (f=100 kHz)	2,5-20	*/Pet 10, S. 512/*
Kaskadierte Lichtbogenquelle (für hohe Wachstumsraten)	70	*/Zah 07, S. 626/*
HCD in Innenzylindern	60	*/Lus 08, S. 1615/*
Mikrowellenanregung in Innenzylindern	0,3-2,5	*/Mat 13, S. 77/*
mittelfrequent-gepulstes Hochspannungsplasma zur Ionenimplantation in Innenzylindern (Ø20 mm)	6	*/Bab 14, S. 263/*
HCD-Remote-Plasma auf Außenflächen	1,2-2,5	*/Jia 08, S. 1150/*

3.4.2 Mechanische Eigenschaften

Die makroskopischen Eigenschaften von a-C:H-Schichten, die mit PECVD-Verfahren hergestellten wurden, können sich in Abhängigkeit der Abscheidebedingungen stark unterscheiden. Sie hängen vom Verhältnis der Hybridisierung (sp^3:sp^2), sowie dem Wasserstoffanteil ab. Die mechanischen Spezifikationen, der Elastizitätsmodul und die Härte werden vom sp^3-Anteil beeinflusst. Der sp^2-Anteil und der Wasserstoffanteil besitzen nur eine untergeordnete Bedeutung. Da Wasserstoff während des Schichtwachstums freie Bindungen füllen kann, wird indirekt der sp^3-Anteil in der Schicht erhöht. Ein typischer Wasserstoffanteil beträgt zwischen 20-25% */Don 10, S. 14f/*. Die Härte von DLC-Schichten liegt im Bereich zwischen 10-30 GPa, der Elastizitätsmodul bei 100-300 GPa */Don 10, S. 88/*.

Technisch hergestellte amorphe diamantähnliche Kohlenstoffschichten werden industriell auf Grund ihrer hohen mechanischen Härte (Eigenschaft des Diamanten) in Kombination mit sehr guten Gleiteigenschaften (Eigenschaft des Graphits) als Verschleißschutzschichten eingesetzt.

Die Kombination einer hohen Materialhärte und einem dazu relativ geringen Elastizitätsmodul ermöglichen es DLC-Schichten bei vertikaler Belastung, das Substrat zu schützen und eine geringe Verformung des Substrates zu kompensieren. Die Fähigkeit der Verformung ist durch die Dicke der DLC-Schichten beschränkt, da die inneren Spannungen mit der Schichtdicke korrelieren. Diese Eigenschaft leitet sich aus dem Schichtwachstum (Subplantationsmodell) ab, da der intrinsische Einbau der Ionen zu Druckeigenspannungen in der Schicht führt.

Darüber hinaus wird die Haftung der Schichten auf dem Substrat negativ durch die inneren Druckspannungen beeinflusst. Hinzu kommen unterschiedliche Ausdehnungskoeffizienten zwischen Substrat und Schicht, sowie die von außen aufgebrachte mechanische Belastung */Don 10, S.102f/*.

Die Einsatztemperatur von a-C:H-Schichten ist durch die thermische Beständigkeit des Kohlenstoffgitters beschränkt. Ab einer Temperatur von ca. 250 °C erfolgt unter Wasserstoffabgabe eine Phasenumwandlung der Bindungsstruktur von sp^3 in sp^2 */Don 10, S. 190/*.

Neben der Verwendung als Verschleißschutzschicht werden DLC-Schichten auf Grund ihrer elektrischen Eigenschaften in der Elektronik teilweise als Isolator oder als Halbleiter eingesetzt */Gri 99, S. 189/*. Da DLC-Schichten chemisch inert sind, finden sie als Korrosionsschutzschicht Anwendung. Darüber hinaus werden mit Hilfe der schwarzschimmernden Schichten Oberflächen in der Schmuck- und Uhrenindustrie dekorativ veredelt.

3.5 Charakteristiken des Anregungssignals

Für die Anregung der Hohlkathodenentladung können sowohl Gleichspannungsquellen als auch Hochfrequenzquellen zum Einsatz kommen. Im Folgenden werden die signalspezifischen Parameter und deren Wechselwirkung im Hinblick auf die Signalerzeugung vorgestellt. Das Netzteil wird für die Plasmastabilitätstests und die Beschichtungsexperimente im spannungsgeregelten Modus betrieben. Für die Erzeugung des unipolaren Spannungssignals benötigt das Netzteil die mittlere Spannung, die Puls-Pause-Zeit ($t_{Puls\text{-}Pause}$) und die Frequenz (f). Entscheidend für die Ionenenergie ist, neben dem Gasdruck, die Beschleunigungsspannung, die die Ionen beim Flug durch die Plasmarandschicht erfahren. Der Zusammenhang zwischen den Anlagenparametern und der Beschleunigungsspannung kann ausgehend von der Berechnung des arithmetischen Spannungsmittels hergestellt werden. Hierfür wird der ideale Rechteckimpuls betrachtet (Abbildung 9).

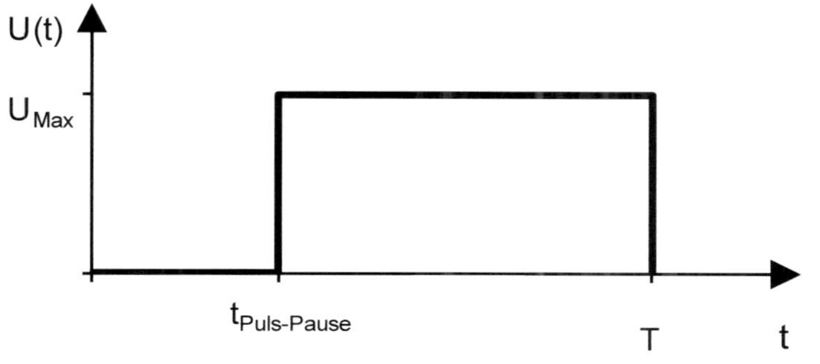

Abbildung 9: Spannungssignal als idealisierter Rechteckpuls

Die Rechteckfunktion wird mathematisch folgendermaßen beschrieben:

$$U(t) = \begin{cases} 0 & \text{für } 0 < t < t_{\text{Puls-Pause}} \\ U_{max} & \text{für } t_{\text{Puls-Pause}} < t < T \end{cases} \quad (15)$$

Der arithmetische Mittelwert berechnet sich mit Hilfe der Intervallregel zu */Bro 01, S. 459/*:

$$\overline{U} = \frac{1}{T}\int_0^T U(t)\cdot dt = \frac{1}{T}\left[\int_0^{t_{\text{Puls-Pause}}} U(t)\cdot dt + \int_{t_{\text{Puls-Pause}}}^{T} U(t)\cdot dt\right] \quad (16)$$

Unter Berücksichtigung von (15) und nach Lösung des Integrals bleibt:

$$\overline{U} = \frac{1}{T}\int_{t_{off}}^{T} U_{Max}\cdot dt\,, \qquad \overline{U} = U_{Max}\cdot\left(1 - \frac{t_{\text{Puls-Pause}}}{T}\right) \quad (17)$$

Nach Substitution von T=1/f und aufgelöst nach U_{Max} ergibt sich die Berechnungsformel für die Maximalspannung.

$$U_{Max} = \frac{\overline{U}}{1 - f \cdot t_{Puls\text{-}Pause}} \tag{18}$$

Die Betrachtung von Formel (18) zeigt die lineare Abhängigkeit der Maximalspannung von der mittleren Spannung. Da die Puls-Pause-Dauer erfahrungsgemäß am stärksten variiert werden kann, ist ihr Einfluss in der Praxis größer als der der Pulsfrequenz.

Für die Energie, die die Ionen in der Plasmarandschicht aufnehmen können, ist nicht die mittlere Spannung von Bedeutung, sondern die maximale Spannung im „On"-Teil des Spannungssignals. Hierbei sei angemerkt, dass durch den relativ hohen Gasdruck im Bereich vor der Kapillare von einer stoßbestimmten Plasmarandschicht ausgegangen werden kann.

Zur Auswertung des realen periodischen Spannungssignals im Hinblick auf mögliche Leistungsverluste und Störquellen wurde das Amplitudenspektrum mit Hilfe einer Fast-Fourier-Transformation erstellt. Zum Vergleich zu einem idealen periodischen Rechtecksignal dient das Amplitudenspektrum in Abbildung 10.

Deutlich erkennbar sind die periodisch wiederkehrenden Peak-Minima (f^1=800 kHz, f^2=1600 kHz und f^3=2400 kHz), die mit der Abtastrate der Rechteckspannung korrelieren.

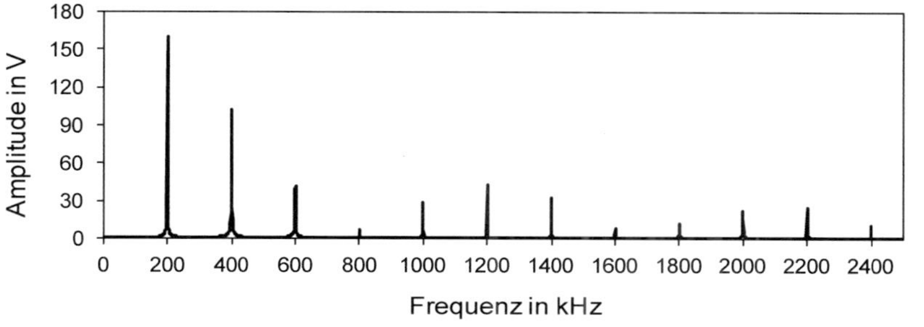

Abbildung 10: Amplitudenspektrum für ein ideales Rechtecksignal mit f=200 kHz und $t_{Puls\text{-}Pause}$=1 µs

Als Grundlage für die Anwendung der Fast-Fourier-Transformation gilt das Nyquist-Kriterium welches durch folgende Formel zum Ausdruck kommt.

$$f_{Abtast} \geq 2 \cdot f_{Signal} \tag{19}$$

Es besagt, dass die Abtastfrequenz f_{Abtast} mindestens doppelt so hoch sein muss, wie die maximal zu erwartende Signalfrequenz f_{Signal}. Andernfalls ist ein Informationsverlust zu erwarten */Mei 09, S. 218/.*

4 Experimente

4.1 Vorgehensweise

Die Beschichtung von innenliegenden Geometrien mit hohen Aspektverhältnissen stellt in der heutigen industriellen Anwendung, auf Grund der hohen technischen Komplexität, eine hohe Herausforderung dar.

In dieser Arbeit wird eine Hohlkathodenentladung und die Beschichtung mit einer diamantähnlichen Kohlenwasserstoffschicht in einer Sacklochgeometrie untersucht. Es wird eine keramische Kapillare zur Gasführung verwendet. Die Kapillare wird über eine Positionierungsstrecke von außerhalb des Sacklocheinganges bis nahe an das innere Sacklochende verfahren. Zur elektrischen Anregung wird eine gepulste Gleichspannung direkt an den Probenkörper angeschlossen.

Das Hauptziel ist die Erarbeitung eines Grundlagenverständnisses über die Wirkmechanismen bei der Plasmagenerierung und der DLC-Beschichtung.

Zunächst wird der Druck am Sacklochende der Probeninnenkontur in Abhängigkeit der Kapillarenposition und des Gasflusses bestimmt. Je höher der Gasfluss und je weiter die Kapillare an das Sacklochende eingefahren wird, desto höher ist der Druck in der Innenkontur.

Nach der Analyse des Anregungssignals in Bezug auf die Einflussgrößen Frequenz, Puls-Pause-Dauer, mittlere elektrische Spannung und Signalform werden Strom-Spannungs-Charakteristiken unter Argonatmosphäre bestimmt.

Anschließend wird der elektrische Widerstand der Versuchsanordnung inklusive Plasma in Abhängigkeit der elektrischen Anregungsspannung und des Probeninnendruckes ermittelt. Des Weiteren werden die Einflüsse des Abstandes zwischen Kapillarenhalterung und Probenaufnahme, der Temperatur und der Leckagen untersucht.

Im nächsten Versuchsteil werden anhand eines vorher definierten Referenzprozesses DLC-Schichten hergestellt. Die Haupteinflussgrößen elektrische Spannung und Gasdruck werden während des Argonbombardements zur Plasmafeinreinigung in Bezug auf die Schichthaftung untersucht.

Im weiteren Verlauf der praktischen Arbeit werden die Einflüsse auf die Schichteigenschaften wie Wachstumsraten, sowie Schichtdickenprofile und Schichthärte auf der Probenlängsachse identifiziert. Zunächst wird die Abhängigkeit der Wachstumsraten von der Kapillarenposition, welche den Gaseinlass in die Innengeometrie definiert, untersucht.

Eine detaillierte Unterscheidung von Bereichen nach Druck und aktiver Kathodenfläche in der Hohlkathode bei eingefahrener Kapillare soll vorgenommen werden.

In Beschichtungsexperimenten werden der Gesamtdruck, die elektrische Anregungsspannung und das Verhältnis aus Reaktivgas und Arbeitsgas variiert. Dabei werden eine detaillierte Fallunterscheidung für den aktiven und passiven HCD-Bereich, sowie den Einfluss des Druckes vorgenommen.

Nachdem die Einflussgrößen und Mechanismen in den einzelnen HCD-Zonen identifiziert und analysiert werden, werden die Prozesse zur Beschichtung von Sacklochgeometrien beherrscht.

4.2 Anlagen und Methoden

4.2.1 Plasmabeschichtungsanlage

Die Experimente wurden auf einem Vakuumbeschichtungssystem durchgeführt, welches auf einen Druck im Feinvakuumbereich abgepumpt werden kann. Abbildung 11 zeigt die verwendete Anlagentechnik als schematisches Modell.

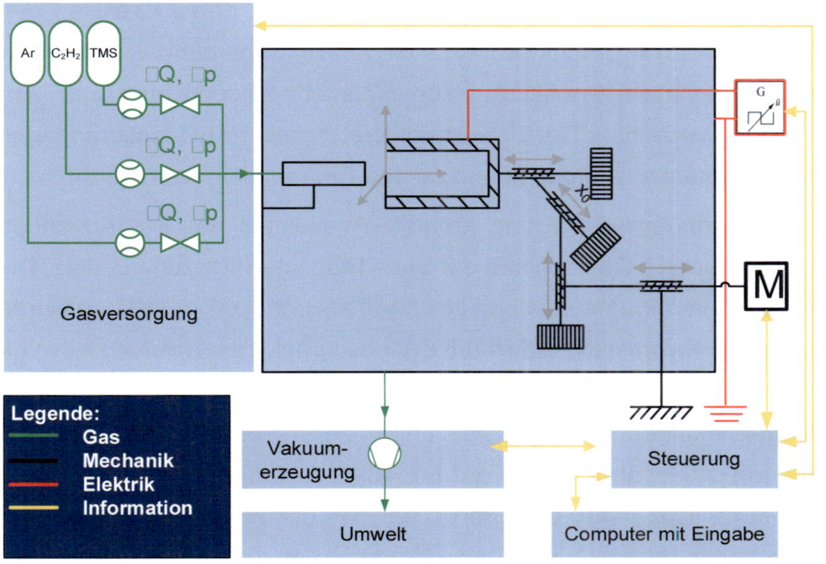

Abbildung 11: Schematische Darstellung der Beschichtungsanlage

Die Gase aus den Druckbehältern werden per Massenflussregler auf die gewünschten Durchflüsse eingestellt und von vakuumdichten Leitungen in den Rezipienten eingeleitet. Die Kapillare aus nichtleitender Keramik (Al_2O_3 Friatec AG, Mannheim) leitet das Gas gezielt in die Bohrung der zu beschichtenden Probe. Die Kapillarenhalterung und der Algorithmus zur Justierung von Probe und Kapillare wurden im Verlauf der Untersuchungen immer weiter verbessert. Da diese Weiterentwicklung ein wichtiger Schritt zur Verbesserung der Reproduzierbarkeit der Versuchsergebnisse darstellte, wird diesem Thema ein gesondertes Kapitel eingeräumt (Punkt 4.2.3).

Die plasmaerzeugende Spannung wird mittels Kabel direkt an den Probenhalter angeschlossen. Als Gegenelektrode dient die Kammerwand mit Massepotential. Auf eine exponierte Anode wurde in der Anordnung verzichtet. Der Probenhalter ist mittels PTFE-Isolierung vom Massepotential entkoppelt und an den Probentisch verschraubt.

Zur Spannungsversorgung kommt ein Netzteil der Fa. Advanced Energy GmbH, Deutschland der Serie Pinnacle-Plus zum Einsatz. Die maximal verfügbare Leistung des Netzteils beträgt P=5 kW. Sie wurde jedoch softwareseitig auf P=0,5 kW beschränkt, um das Netzteil in einem Niedriglastbereich zu betreiben, der es ermöglicht eine bessere Regelbarkeit bei niedrigen Leistungen zu erzielen. Außerdem wurde die maximale Stromstärke auf $\bar{I}_{MAX}$=0,42 A und die maximale Spannung auf $|\bar{U}_{MAX}|$=400 V begrenzt, so dass die Wahrscheinlichkeit von Lichtbogenentladungen („Arcing") verringert wurde. Das Pinnacle-Plus-Netzteil ermöglicht eine gepulste Spannungsversorgung im Frequenzbereich von f=0...250 kHz (im Niedriglastbetrieb), so dass die Arc-Neigung von sich passivierenden Kathoden reduziert wird.

Der gesamte 3-Achsen-Probentisch kann über ein Schraubengetriebe und einen Elektromotor linear verfahren werden. Da die Tischsteuerung über eine 16-Bit-Codierung für den Positionierungsparameter verfügt, kann der Tisch nur in begrenztem Bereich (-32.768 µm bis +32.767 µm) mit einer Schrittweite von Δz=1 µm bewegt werden. Praktisch wird der Tisch von 0 mm bis maximal 30 mm verfahren.

Das mehrstufige Pumpsystem besteht aus einer Drehschieber- (DK200) und einer Wälzkolbenpumpe (WS1001) der Fa. Leybold Vacuum GmbH, Deutschland und ist über eine Rohrleitung und einen Vakuumschieber mit dem Vakuumrezipienten verbunden. Beim diesem Aufbau wurde darauf geachtet, dass die Vakuumkammer mittels Dämpfer vom schwingungsreichen Pumpstand entkoppelt war. Das Vakuumsystem wurde im Experimentierzeitraum regelmäßig gewartet und nach Um- oder Anbauten sachgemäß auf Leckagen geprüft.

4.2.2 Probenpräparation

Die verwendeten Proben wurden für den Zweck der Innenbeschichtung konstruiert und angefertigt. Das Konzept des modularen Aufbaus der Probengeometrie und der zugehörige Halter wurden in einer früheren Arbeit entwickelt */Hof 14, S. 4/*. Es bietet die Möglichkeit, eine innenbeschichtete Probe mit Mess- und Prüfverfahren, die für Außenbeschichtungen geeignet sind, nutzbar zu machen und darüber hinaus den Präparationsaufwand zu senken. Abbildung 12 (links) zeigt die Einzelkomponenten (Probe, Rohr und Endstück) der Modellgeometrie im zerlegten Zustand. Zusammengesetzt formen die Einzelkomponenten im Probenhalter eine Sacklochbohrung mit einer Länge von L_{Probe}=26 mm und einem inneren Rohrdurchmesser von

D_{Probe}=4 mm. Abbildung 12 (Mitte) stellt die Probenteile Endstück und Rohr in einer Hälfte der Probenhalterung dar. Um die Übersichtlichkeit zu verbessern wurde auf die Darstellung der Probe in der zweiten Hälfte der Probenhalterung verzichtet. Weiterhin sind in der mittleren Abbildung eine Befestigungsplatte und Schrauben sichtbar. Abbildung 12 (rechts) zeigt im Querschnitt den schematischen Aufbau aus geschlitztem Rohr und Probe.

Der Verbund aus den einzelnen Probenkörpern schließt auf Grund von fertigungsbedingten Toleranzen nicht zuverlässig vakuumdicht ab, so dass der Beschichtungsprozess dadurch geringfügig, aber nachweisbar beeinflusst wird.

Abbildung 12: Aufbau der verwendeten Modellgeometrie: Einzelteile (links), Zusammenbau ohne Probe (Mitte) und schematischer Zusammenbau mit Rohr und Probe im Querschnitt (rechts)

Die geschlitzten Röhrchen bestehen aus X5CrNi18-10 (1.4301) und werden aus Stangenrohrmaterial hergestellt. Das Endstück wurde aus dem legierten Werkzeugstahl X40CrMoV5-1 (1.2344) gefertigt und bildet den Abschluss der Sacklochgeometrie. Die geschlitzten Röhrchen und die Endstücke wurden mit Ultraschall in Isopropylalkohol zur Entfernung von organischen Rückständen behandelt und anschließend, mit VCI-Papier (Volatile Corrosion Inhibitor) vor Korrosion geschützt, in Boxen aufbewahrt.

Die Proben zur Schichtabscheidung und -befundung bestehen ebenfalls aus X40CrMoV5-1 (1.2344). Nach dem spanenden Fertigungsschritt wurden die Proben gehärtet, sowie an der zu beschichtenden Fläche geschliffen und poliert. Der Schleif- und Polierprozess wurde zu Beginn der experimentellen Phase der Arbeit entwickelt und umfasst folgende Prozessschritte und Materialien: Der Schleifschritt erfolgte auf dem Schleifgerät LaboPol-21 (Struers GmbH, Willich) mit der zugehörigen Siliziumkarbid-Schleifscheibe mit einer Körnung von 1000 (Struers GmbH, Willich) für eine Dauer von 5 min. Um nicht die gröberen metallischen Partikel aus dem Schleifprozess in den Polierschritt zu transferieren, wurden die Proben mit Isopropylalkohol und einem fusselfreien Tuch gereinigt. Nachher erfolgte das Polieren auf der Poliermaschine LaboPol-21 (Struers GmbH, Willich). Zusätzlich wurden für die Politur die Polierscheibe MD-Dac und das Poliermittel DiaPro-3 (beide Struers GmbH, Willich) für eine Prozesszeit von 5 min verwendet. Anschließend wurden die Proben abermals mit Isopropylalkohol und einem fusselfreien Tuch gereinigt. Danach wurden die Proben mit einem Richtungspfeil auf der Probenrückseite elektrograviert. Somit konnte eine Verwechslung der Probenrichtung bei Halterung und Charakterisierung verhindert werden.

Zum Schluss wurden die Probenkörper nach dem letzten Präparationsprozessschritt zur korrosionsfreien Lagerung von metallischen Verunreinigungen und wässrigen Rückständen mit Isopropylalkohol gereinigt und in Probenboxen mit VCI-Papier gelagert. Vor dem Plasmabehandlungsprozess wurde die jeweilige Probe mit einem fusselfreien Tuch und Isopropylalkohol gereinigt.

4.2.3 Methode zur Kapillaren-Proben-Justierung

Eine wesentliche Prozessoptimierung stellt die Entwicklung der systematischen Kapillaren-Proben-Justierung dar, da dadurch sichergestellt werden konnte, dass die Plasmaprozesse reproduzierbar abliefen.

Anfangs wurde eine Methode zur Kapillarenhalterung genutzt, bei der die Kapillare auf ein Wolframröhrchen aufgeschoben und mit Kaptonband befestigt wurde. Auf Grund der fehlenden Passgenauigkeit zwischen Kapillare und Wolframröhrchen entsteht ein Spalt, der eine undefinierte Leckage und nicht ortsfeste Lage zur Folge hat.

Die erste Änderung an diesem Halterungskonzept war eine mechanische Klemmung der Kapillare in einer modifizierten Aufnahme für Thermoelemente. Mit einer Überwurfmutter konnte eine Spannkraft auf die Kapillare eingeleitet werden, die durch eine formschlüssige Verbindung sowohl die Lagegenauigkeit, als auch die Dichtheit des Systems verbesserte. Die Motivation für ein drittes Konzept war die Möglichkeit für ein schnelleres Wechseln der Kapillare mittels Spannzange, ohne die Anforderungen an Leckage und Positioniergenauigkeit zu reduzieren. In Abbildung 13 ist die letzte Änderung der Kapillarenhalterung zu sehen.

Abbildung 13: Fotografie der finalen Kapillarenhalterung mit Kapillare (speziell eingefärbt) und Probenhalterung

Bei der praktischen Verwendung des dritten Konzeptes wird die Kapillare in die Spannzange eingeführt, bis zum hinteren Anschlag durchgeschoben und mit Hilfe der Überwurfmutter fixiert. Der Dichtring wird nach Anzug der Überwurfmutter verformt, so dass ein sicherer axialer und radialer Sitz der Kapillare gewährleistet wird. Durch diesen präzisen Spannmechanismus, steigt der Einfluss der Krümmung der Kapillarenlängsachse auf die Ausrichtung von Kapillare und Probe. Die Kapillarenkrümmung wird über die Ausrichtung der Probe kompensiert.

Die Probe wird über den 3-Achsen-Positioniertisch so ausgerichtet, dass die Kapillarenlängsachse mit der Rotationsachse der Probe übereinstimmt. Die Zustellung des gesamten 3-Achsen-Positionstisches in z-Richtung erfolgt während der automatisch ablaufenden Prozesse über einen Motor mit linearem Schraubgetriebe (siehe Abbildung 11).

4.2.4 Druckmessungen

Für die Interpretation eines technischen Plasmas sind Informationen über den Gasdruck von großer Bedeutung. Darüber hinaus kann mit einem Vakuummessgerät die Vakuumdichtheit und die Vakuumfähigkeit des Systems überprüft werden.

Um den Druck im Rezipienten zu messen, kamen festinstallierte Manometer nach dem Pirani-Prinzip zum Einsatz, deren Messwerte von der Anlagensteuerung übermittelt und am Ausgabemonitor dargestellt sind. Eine regelmäßige Überwachung des Gasversorgungs- und Vakuumsystems wurde anhand von Referenzprozessen durchgeführt und mittels Wartungsintervallen sichergestellt. Die Spezifikationen des Pirani-Manometers sind in Tabelle 2 aufgelistet. Druckmessgeräte, die nach dem Pirani-Prinzip funktionieren, nutzen die Druckabhängigkeit der Wärmeleitfähigkeit von Gasen */Jou 10, S. 12/*.

Tabelle 2: Spezifikationen des verwendeten Manometers nach dem Pirani-Prinzip

Eigenschaft	Spezifikation
Firma	Oerlikon Balzers Coating AG
Name	Compact Pirani Gauge TPR 250
Druckbereich	$5*10^{-4}$ - 1000 mbar
Verwendbare Medien	Inerte Gase
Kalibriert für	Luft, N_2, O_2, CO

Diese Manometer sind für bestimmte Gase und Druckbereiche kalibriert. In der Anwendung bedeutet dies etwaige Messfehler bei der Verwendung von anderen Gasen oder Gasgemischen. Diese Fehler können über Gaskorrekturfaktoren rechnerisch kompensiert werden.

Für die Messungen des Probeninnendruckes wurde ein MEMS-Drucksensor der Fa. Kulite Semiconductor Products Inc. verwendet.

Die Messung erfolgt gasartunabhängig und das Gerät arbeitet im Modus für Absolutdruckmessungen. Die Spezifikationen sind Tabelle 3 zu entnehmen.

Tabelle 3: Spezifikationen des MEMS-Drucksensors */Kul 11/*

Eigenschaft	Spezifikation
Firma	Kulite Semiconductor Products, Inc
Name	.XCEL-100-5A
Druckbereich	0 bar - 0,35 bar
Arbeitsmodus	Absolutdruckmessung
Verwendbare Medien	Alle nichtleitenden und nicht korrosiven Flüssigkeiten und Gase

Da der MEMS-Drucksensor nur für nichtleitende Medien zugelassen ist, wurde von einer Druckmessung unter Plasmabedingungen abgesehen. Darüber hinaus wären die Sensoreigenschaften durch einen Materialabtrag oder eine Beschichtung nachhaltig verändert worden.

Abbildung 14 zeigt den Aufbau für die Ermittlung des Probeninnendruckes mit dem Sensor, der Unterseite des Probenhalters und dem geschlitzten Rohr. Zur besseren Darstellung wurde auf die Probe und den Gegenhalter verzichtet.

Zur Messung des Probeninnendruckes wurde der MEMS-Drucksensor als Endstück (vergleiche Abbildung 12, rechts) in der Innenkontur installiert.

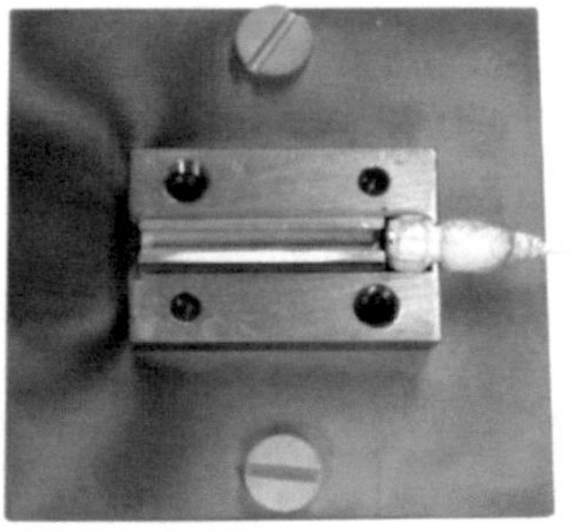

Abbildung 14: Konfiguration zur Messung des Probeninnendruckes (ohne Probe und Gegenhalter)

Der Sensor wurde hierfür in ein kleines metallisches Rohr gepresst, um die Differenz zum Probenhalter auszufüllen. Mögliche Undichtheiten wurden mittels PTFE-Band um den Sensor verringert.

4.2.5 Messungen des Ansteuersignals

Für die Messung des Spannungssignals wurde eine Klemme direkt mit dem Innenleiter des stromführenden Koaxialkabels verbunden. Die zweite Klemme befand sich im Kontakt mit dem Außenleiter, welcher mit der elektrischen Masse des Systems verbunden war. Den Messaufbau an einem Shunt zeigt Abbildung 15.

Die darüber abfallende elektrische Spannung wurde mit dem Oszilloskop (TDS 420A der Fa. Tektronix, Inc) zeitlich aufgelöst dargestellt und konnte als Bild- oder Datenformat zur weiteren Auswertung exportiert werden. Der in Abbildung 15 sichtbare Shunt wurde lediglich für Spannungsmessung an den separierten Koaxialleiterelementen und nicht wie üblich für Stromstärkemessungen verwendet.

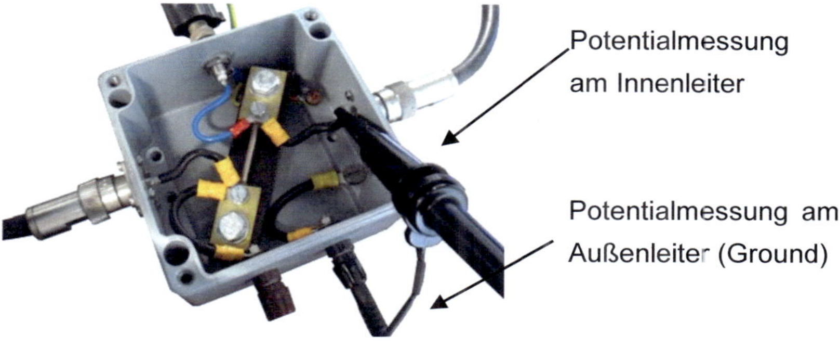

Abbildung 15: Messung des Spannungssignals mit dem Oszilloskop

Die in dieser Arbeit angegebenen Ströme wurden vom Netzteil als arithmetischer Mittelwert aller Werte vom Nulldurchgang nach $t>t_{Puls\text{-}Pause}$ bis t=T berechnet und von der Auswertesoftware ausgegeben. Dieser Messwert entspricht der Gesamtstromstärke und setzt sich aus folgenden Komponenten zusammen:

$$\bar{I}_{Ges}=f(\bar{I}_{Verschiebestrom}, \bar{I}_{Glimmplasma,\,Außen}, \bar{I}_{Glimmplasma/HCD,\,Innen}) \quad (20)$$

Der Verschiebungsstrom, das heißt der elektrische Strom der durch die zeitliche Änderung des elektrischen Stromflusses entsteht, hat auf Grund des gepulsten Signals mit steilen Flanken einen hohen Anteil am Gesamtstrom. An der äußeren Mantelfläche der Probenhalterung entsteht ein Glimmplasma, dessen Anteil am Gesamtstrom am geringsten einzuschätzen ist. Die Entladung im Inneren der Probe wird je nach Betriebsmodus einen geringeren oder höheren Anteil am Gesamtstrom besitzen. Da alle Stromkomponenten von der Stromdichte, bzw. den Betriebsmodi der gesamten Entladung abhängen, kann kein direkter Zusammenhang (Messwert) aus dem Gesamtstrom und dem für diese Arbeit interessanten Ladungsträgeraustausch der Innenkontur geschlossen werden. Da allerdings die Stromdichte beginnend von der anormalen Glimmentladung bis zur stabilen Hohlkathodenentladung am stärksten von den Vorgängen im Probeninneren beeinflusst wird, lässt die Änderung der Gesamtstromstärke Rückschlüsse auf die einsetzende Hohlkathodenentladung zu.

Um die Stromstärkeanteil im Probeninneren zu separieren, wäre folgender Messablauf nötig:

i) Bei Gaseinleitung über die Kammerzuführung kann der Druck im Rezipienten eingestellt werden und die Stromstärkemessung liefert die Verschiebestromstärke ergänzt durch den Glimmplasmaanteil.

ii) Anschließend würde die Gaszuführung durch die Kapillare erfolgen, so dass die Summe aus den drei Stromanteilen gemessen werden könnte.

iii) Die Subtraktion der Einzelströme ergibt den Hohlkathodenanteil.

iv) Zusätzlich könnte die Strommessung ohne Gaseinleitung d.h. bei Basisdruck den separierten Verschiebestromanteil liefern.

Auf Grund des hohen Versuchsaufwands und der Abhängigkeit des Gesamtstromes von den Vorgängen im Probeninneren wurde von einer direkten Stromstärkemessung des Hohlkathodenstromes mit dem Oszilloskop abgesehen und die Gesamtstrommessung verwendet.

Die elektrische Spannung, welche als Messsignal des Netzteiles für Analysen genutzt wird, entspricht dem Mittelwert ($\bar{U}$) und ist als Bias-

Spannung mit einem negativen Vorzeichen versehen. Daher wird in dieser Arbeit häufig der Betrag verwendet ($|\bar{U}|$).

4.2.6 Methoden zur Schichtcharakterisierung

4.2.6.1 Schichtdickenmessung

Da DLC-Schichten für bestimmte Wellenlängen transparent sind, können zur Schichtdickenmessung zerstörungs- und berührungsfreie Methoden zum Einsatz kommen. In dieser Arbeit wurde ein Reflektometer (oder auch Weißlichtinterferometer) der Fa. A.S. & Co GmbH, München verwendet. Es besteht aus dem Carl Zeiss Spektrometer MCS-611 und einem umgebauten Mikroskop vom Typ Carl Zeiss Axio Imager A1m für den visuellen bis nahen Infrarot-Bereich. Der verwendete Wellenlängenbereich des Interferometers beträgt 350 nm – 1700 nm. Nach Kalibrierung des Systems wird das Messsignal mit einem in der Software hinterlegten Normal durch einen Optimierungsalgorithmus mathematisch verglichen. Der Brechungsindex des Normals wurde zuvor für unterschiedliche Schichtdicken durch Ellipsometrie ermittelt und in der Softwaredatenbank abgespeichert.

Das Schichtdickenprofil in Längsrichtung (z_{Probe}) der Flachprobe wurde millimetergenau ermittelt. Dafür wurden jeweils in der Mitte (y_{Probe}) der Probe 25 Einzelmessungen durchgeführt (Abbildung 16).

Abbildung 16: Positionen für die Schichtdickenmessung

Die Probe wurde an ein Lineal mit Millimeterskalierung angelegt und der Probentisch nach jeder Messung bis zur nächsten Markierung auf dem Lineal verschoben. Ein typisches Schichtdickenprofil ist in Abbildung 17 dargestellt.

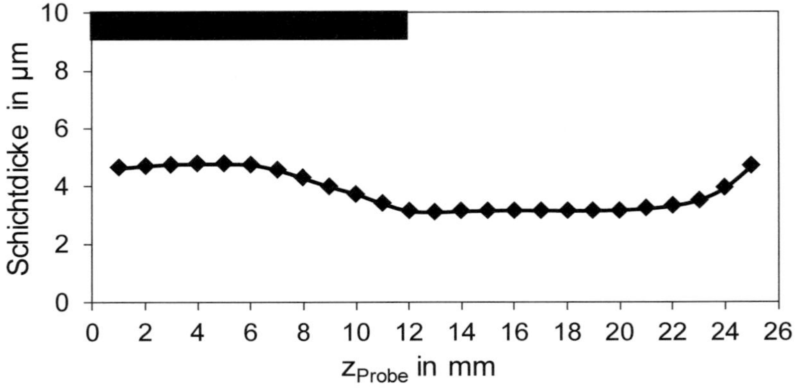

Abbildung 17: Millimetergenaue Messung der Schichtdicke am Mittelprofil (z_{Kap}=12 mm, schwarzer Balken; Q_{Ar}=200 sccm)

Aus dem Schichtdickenverlauf in Abbildung 17 wird deutlich, dass das Profil keine Unstetigkeit aufweist und direkt von der Kapillarenposition abhängt. Weitere Untersuchungen zu den Einflussgrößen auf das Schichtdickenprofil bzw. zum ortsabhängigen Schichtwachstum werden in Kapitel 4.3.6.1 (ab S. 123) diskutiert.

Da der Unterschied bei Wiederholung der Messung auf einer Probe, auch im direkten Umfeld des Messpunktes, selten mehr als 10 nm betrug, wurde auf eine Reproduzierung der Messreihe verzichtet. Die Qualität des Messwertes hängt vielmehr von der Zuverlässigkeit des

Optimierungsalgorithmus ab. Daher wurde bei Abweichung des Erwartungswertes ein manueller Abgleich zwischen den sinusförmigen Kurven des Messsignals und des Normals vorgenommen. Dies wurde allerdings nur dann nötig, wenn die Schichtdicke deutlich geringer als 1 µm war. Da die Periode der Signale konstant ist, kann der maximale Messfehler über den Abstand zwischen zwei Minima (oder Maxima) zu ungefähr 0,4 µm bestimmt werden.

4.2.6.2 Schichthärtemessung

Zur Messung der Schichthärte wurde das Mikrohärtemessgerät FISCHERSCOPE H100 und die Verarbeitungssoftware WIN-HCU der Fa. Helmut Fischer GmbH, Sindelfingen verwendet. Dabei wird ein Vickers-Diamant in die Probe eingedrückt und die Kraft auf dem Hin- und Rückweg in Abhängigkeit vom Zustellweg gemessen. Während des Eindringens wird die Schicht plastisch und elastisch verformt, bei Kraftreduzierung bleibt lediglich der plastische Anteil irreversibel als Eindruck zurück. Als Messgröße wird die plastische Universalhärte HU_{plast} in N/mm^2 ausgegeben */Beh 93, S. 5f/*. Die Einstellungen des Messsystems sind in Tabelle 4 aufgelistet. Die flachen Proben wurden direkt auf dem 2-Achsen Tisch unter dem Diamanten positioniert, so dass die Proben keine Setzbewegungen während der Krafterhöhung ausführen konnten. Eine Bedingung für eine verlässliche Bestimmung der Schichthärte ist, dass die Eindringtiefe des Diamanten maximal ein Zehntel der Schichtdicke betragen soll.

Tabelle 4: Einstellungen für den Messablauf zur Bestimmung der Schichthärte

Eigenschaft	Spezifikation
Diamant	nach Vickers
Messkraft	50 N
Dauer der Krafterhöhung	20 s
Zeit bei Kriechen	1 s
Dauer der Kraftreduzierung	20 s
Rückstellkraft	50 N

Der DLC-beschichtete Streifen auf dem Prüfkörper in Abbildung 16 weist bedingt durch das mechanische Hohlkathodenkonzept mit Flachprobe und geschlitztem Röhrchen ein Querprofil auf, welches exemplarisch in Abbildung 18 dargestellt ist.

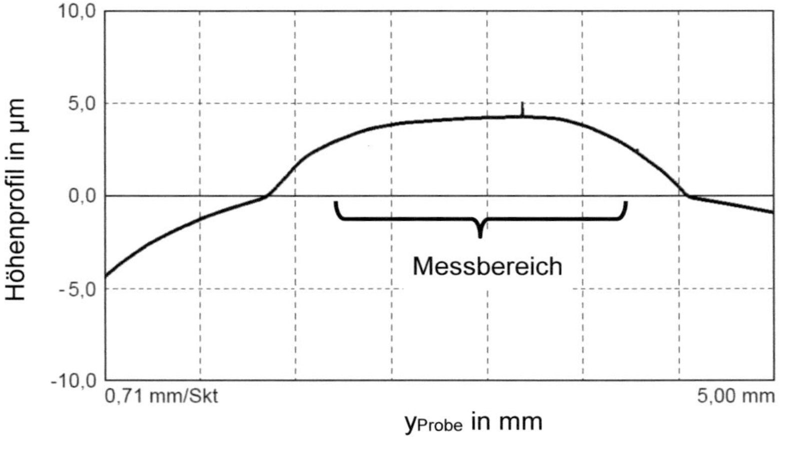

Abbildung 18: Querprofil der Schichtdicke mit eingezeichnetem Messbereich für Schichthärtemessungen

Auf Grund des gezeigten Querprofils wurde ein Mindestabstand des ersten und des letzten Punktes der Härtemessreihe von Δy_{Probe}=0,5 mm definiert. Als Referenzstellen wurden die visuell erkennbaren Farbübergänge von der Stahloberfläche zur schwarz erscheinenden DLC-Schicht genutzt. Zwischen den Startpunkten wurden weitere 25 Messungen durchgeführt und der Mittelwert und die Standardabweichung des Härtewertes für die Bestimmung des Längsverlaufs der Schichthärte bestimmt. Bei Abweichungen der Messkurven, bedingt durch Rauigkeiten und Störgrößen (z.B. Vibrationen), wurden die betroffenen Messungen aus der Auswertung der Messreihe eliminiert.

Abbildung 19 zeigt die millimetergenauen Längsverläufe der Schichthärte und der Schichtdicke. Eine derart hohe Anzahl an Messreihen (25 Messreihen mit 27 Einzelmessungen pro Probe) wurde nur zu Beginn der praktischen Arbeit verwendet um einen Überblick über die Einflussgrößen auf das lokale Schichtwachstum zu erhalten.

Das weitere Studium der Zusammenhänge zwischen Einflussparameter der Hohlkathodenentladung und den Schichtbildungsmechanismen führte zu einem sinnvollen Gleichgewicht zwischen Messaufwand (2 Messreihen mit 27 Einzelmessungen pro Probe) und Aussagekraft der Härtewerte in Relation zu den Parametervariationen. Weitergehende Betrachtungen sind in Kapitel 4.3.6.1 zu finden.

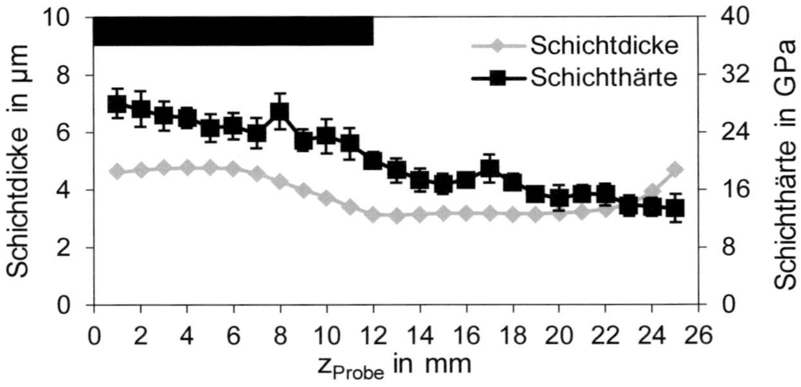

Abbildung 19: Schichthärtemessung zur Ermittlung des Härteprofiles in Abhängigkeit von der Kapillarenposition z_{Kap}=12 mm und Q_{Ar}=200 sccm

4.2.6.3 Haftfestigkeitsmessungen

Eine wesentliche Eigenschaft der abgeschiedenen Schicht ist deren Haftung auf dem Substratmaterial. Zur Untersuchung der Haftfestigkeit wurde eine zerstörende Methode verwendet. Analog zur Härtemessmethode nach Rockwell-C (Abk.: HRC; DIN EN ISO 6508-2, -3; */Nor 06a/* und */Nor 06b/*) wurde der Diamant senkrecht auf die Probe gesetzt und mit einer Vorkraft von F_{Vor}=98,07 N sowie anschließend mit einer Prüfzusatzkraft von $F_{Prüf}$=1373 N beaufschlagt. Der aus der plastischen Verformung resultierende Krater samt umgebender Schicht wurde anschließend unter einem Mikroskop hinsichtlich Enthaftungen untersucht. Als Prüfgerät kam das BRIRO-R der Fa. Illinois Tool Works, Inc, Lake Bluff zum Einsatz.

Während der Prüfung dringt der Diamant durch die Schicht in den Grundwerkstoff ein und verformt diesen plastisch. An der Kraterkante entstehen Aufwürfe die das Schichtsystem unter Zug- und Druckspannungen setzt (Abbildung 20).

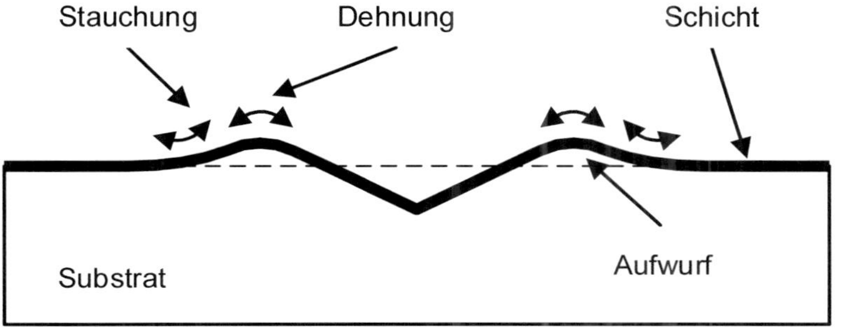

Abbildung 20: Schematische Darstellung zum Funktionsprinzip eines HRC-Eindrucks zur Bestimmung der Haftfestigkeit einer Schicht

Herstellungsbedingt weisen a-C:H-Schichten innere Druckspannungen auf, so dass sie gegen eine Stauchung resistenter als gegen eine Dehnung sind (siehe Kapitel 3.4.2). Dies gilt pauschal nur für sehr dünne Schichten mit Schichtdicken im Submikrometerbereich. Bei dickeren Schichten, wie in Abbildung 20 dargestellt, entstehen bei Dehnung Zugspannungen an der Oberseite und Druckspannungen an der substratzugewandten Grenzschicht. Im Fall der Schichtstauchung verhält es sich diametral. Der Krümmungsradius der Verformung ist an der Kraterkante kleiner und die damit auftretenden destruktiven Zugspannungen größer. Außerdem fungiert die Grenzschicht im Fall einer Stauchung als Hemmung für die entstehenden Zugspannungen. Daher erfolgt die Delamination der Schicht bevorzugt an der Kraterkante und reicht nur bei geringer Haftfestigkeit bis weit vom Eindruckszentrum (HFK 5 – HFK 6 in Abbildung 21). Bei sehr dünnen Schichten mit geringer Substrathaftung können jedoch auch Enthaftungen mit größerem lateralem Abstand von der Kraterkante beobachtet werden.

Um das Ergebnis der Haftungsprüfung zu bewerten wird ein Klassifizierungsverfahren angewandt, welches sich auf ein Schulnotensystem bezieht. Abbildung 21 gibt anhand von Modellbeispielen einen Überblick über die sechs Haftungsklassen.

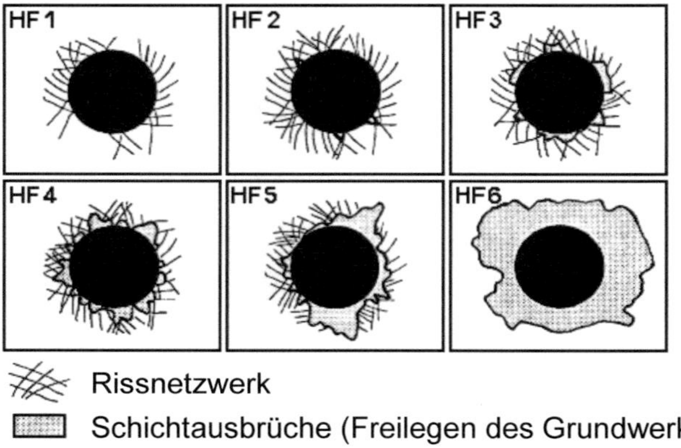

Abbildung 21: Zuordnung des Schadensbildes zu einer Haftfestigkeitsklasse (HFK 1 bis HFK 6) nach */Rob 03, S. 60/*

Für die Bewertung der Kraterumgebung werden in der Praxis die Schichtausbrüche und deren laterale Ausdehnung untersucht, da die Rissnetzwerke oft nicht sichtbar sind. Positiv wirkt sich der deutliche Farbunterschied zwischen der in dieser Arbeit verwendeten schwarzen DLC-Schicht und dem silberscheinenden Substratmaterial aus. Kleinste Enthaftungen sind somit eindeutig erkennbar. Die Haftfestigkeitsklasse 1 wird nur dann vergeben, wenn die Schicht im Einflussbereich um den Kraterrand vollständig intakt ist. Kleine Enthaftungen, meist von dreieckiger Form führen zur HFK 2-Bewertung. Die Beispiele für die Noten HFK 3 – HFK 5 sind in der Praxis nur schwer zu unterscheiden, da häufig der direkte Vergleich fehlt und die Enthaftungen selten kreisrund um den Krater verteilt sind und Mischformen bilden.

Es empfiehlt sich, die Mikroskopbilder für haftungsbeeinflussende Parametervariationen direkt gegenüber zu stellen und nicht die Noten zu vergleichen. Die Haftungsklasse 6 wird bei einer vollständigen Delamination vergeben. Bei besonders schlechter Schichthaftung kann dieser Bereich so groß ausfallen, dass die Bruchkanten im Mikroskopbild nicht sichtbar sind und das Haftungsergebnis, im Fall von metallisch scheinenden Schichten, versehentlich mit HFK 1 bewertet werden.

Neben den Einflüssen, die durch die Schichtabscheidung und den Schichtaufbau entstehen und die auf die Haftfestigkeit einwirken, existieren noch weitere Parameter, die das Haftungsergebnis beeinflussen. So sollte beispielsweise das Substratmaterial mindestens die 10-fache Materialstärke wie die zu erwartende Eindringtiefe des Diamanten besitzen. Bei der Durchführung des Härteeindrucks sollte darauf geachtet werden, dass der Eindruck genügend weit von einer Probenkante entfernt ist, da sich ansonsten das Material bevorzugt in Richtung Kante verformt. Die Oberfläche des Substrats sollte eine geringe Rauhtiefe besitzen und nicht spröder als die Schicht sein, was im Fall einer DLC-Schicht ausgeschlossen werden kann. Außerdem sollte der Grundwerkstoff eine Härte von >54 HRC verfügen, da ansonsten der Eindruckdurchmesser zu groß wird */Rob 03, S. 60/*. Deshalb sollte das Härtemessergebnis, welches vom HRC-Gerät während der Haftfestigkeitsprüfung ausgegeben wird, zusätzlich notiert und mit Referenzwerten verglichen werden. Bedingt durch hohe Prozesstemperaturen kann die Härte des Grundmaterials verringert werden. Dies sollte bei der Auswahl des Prüfverfahrens berücksichtigt werden. Entscheidend für eine Vergleichbarkeit der Bewertungen ist die Verwendung einer konstanten Vergrößerung des Mikroskopobjektives (200-fach) und eine gleichbleibende Belichtung. Andernfalls sind die flächenmäßigen Unterschiede der Schichtausbrüche nicht qualitativ zu bestimmen.

Da die Diamantform ebenfalls einen wichtigen Einfluss auf das Haftungsergebnis hat, sollte nur ein konditionierter Diamant verwendet werden */Sto 02, S. 94/*.

Der zeitliche Fortschritt eines Rissnetzwerkes und das Freilegen des Grundwerkstoffes nach dem HRC-Test sollten ebenfalls bei der Bewertung berücksichtigt werden. Um diesen Vorgang zu beschleunigen, sollte das Einflussgebiet des Eindruckes mit einem Tuch und sanftem Druck von Partikeln und leichthaftendem Schichtmaterial gereinigt werden. Dieser Effekt tritt bevorzugt bei schlecht haftenden Schichten auf.

Eine weiterführende Einschätzung auf die primären Einflussparameter der Haftfestigkeit werden in Kapitel 4.3.5 (ab S. 105) gegeben

4.3 DLC-Abscheidung in Hohlkathoden: Prozesscharakterisierung

4.3.1 Druckmessungen im Rezipienten und in Innenkonturen

Zur Messung des Probeninnendruckes wurde ein kapazitiver MEMS-Drucksensor der Fa. Kulite verwendet, dessen Spezifikationen in Tabelle 3 aufgelistet sind. Der MEMS-Drucksensor liefert elektrische Spannungswerte, die mit einem Voltmeter (siehe 4.2.4) ausgelesen wurden. Mittels Umrechnungsfaktor des Herstellers kann die Spannung in einen Druck umgerechnet werden. Erste Machbarkeitsstudien zeigten, dass die zu erwartenden Spannungswerte außerhalb des vom Hersteller angegebenen Bereichs lagen */Hof 14, S. 6/*. Daher wurden eigene Kalibrierkurven aufgenommen. Diese ließen im weiteren Verlauf der Untersuchungen druckbereichsgenauere Messwertinterpretation zu. Für diese Aufnahme der Kalibrierkurven wurde der MEMS-Drucksensor frei in der Anlage angebracht und mit dem Pirani-Druckmesser, welcher fest an der Beschichtungsanlage installiert ist und den Druck im Rezipienten misst, verglichen.

Da ein Drucksensor nach dem Pirani-Prinzip gasartabhängige Messergebnisse liefert und der verwendete Sensor vom Hersteller auf Stickstoff kalibriert wurde, wurde folgendes Vorgehen zur Ermittlung der Kalibrierkurve verfolgt. Das Vakuumsystem wurde zunächst auf dessen Basisdruck, das heißt auf den sich nach mehrstündiger Abpumpdauer einstellenden Druck, evakuiert. Im Anschluss daran wurde das Pumpsystem abgeschaltet und der Vakuumrezipient mittels Schieber vom Rest des Vakuumsystems separiert. Für die Ermittlung der Kalibrierkurve wurde der Rezipient über ein Flutventil auf diskrete

Druckwerte mit Luft geflutet. Die Druckwerte des Pirani-Manometers und die Spannungswerte des MEMS-Drucksensors ergaben die in Abbildung 22 dargestellte Kalibierkurve für den relevanten Druckbereich.

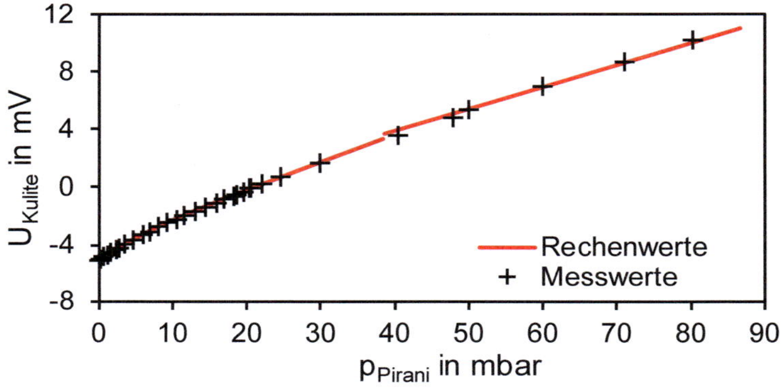

Abbildung 22: Kalibrierkurve für MEMS-Drucksensor mit Vergleich der berechneten Werte

Die aufgenommene Kurve entspricht keiner Geraden und es wurden aus den Werten vier Messwertbereiche identifiziert. Für die einzelnen Bereiche wurden Berechnungsformeln ermittelt, die zur späteren Umrechnung von Spannungs- in Druckwerte verwendet wurden.

Die Umrechnungsformeln stellen die Grundlage für die nachfolgenden Untersuchungen zur Abhängigkeit des Probeninnendruckes von Gasfluss und Kapillarenposition dar. Wie in 4.2.4 beschrieben, wurde der MEMS-Drucksensor als Endstück in der Innenkontur installiert. Die gemessenen Drücke entsprechen Staudrücken und ergeben sich aus dem statistischen Mittel von Einzeldrücken über die Sensorfläche.

Tabelle 5: Formeln zur Umrechnung der elektrischen Spannungen des MEMS-Drucksensors in Druckwerte

U_{Kulite} in mV	Berechnungsformel
-5,08 bis -4,70	-0,49x²-1,78x+3,72
-4,70 bis -1,00	0,25x²+5,51+21,42
-1,00 bis +3,60	5,26x+21,22
+3,60 bis +55,00	-0,01x²+6,69x+14,48

Im ersten Versuchsteil wurden für vier verschiedene Kapillarenpositionen die Argongasflüsse durch die Kapillare in $\Delta Q_{Ar,\,Kap}$=50 sccm-Schritten variiert.

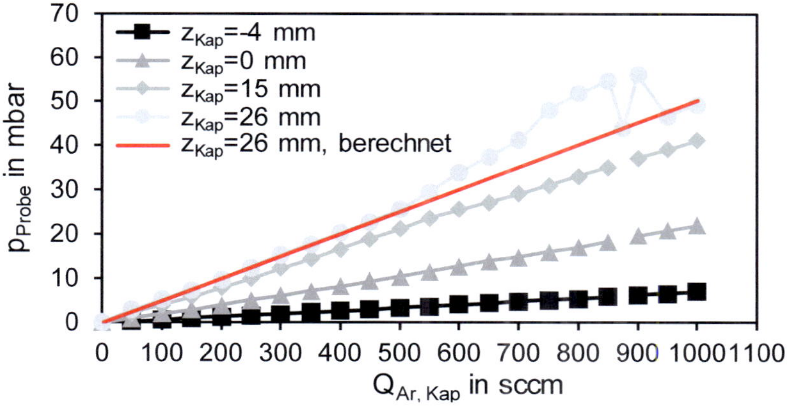

Abbildung 23: Abhängigkeit des Probeninnendruckes vom Argongasfluss für unterschiedliche Kapillenpositionen

Aus Abbildung 23 wird der Zusammenhang zwischen dem Gasfluss und dem Staudruck deutlich. Mit steigendem Gasfluss und mit tiefer eingefahrener Kapillarenposition steigt der Probeninnendruck. Während für nicht oder gering eingefahrene Kapillarenpositionen lineare Zusammenhänge zwischen Argongasfluss und Druck bestehen, zeigt sich für weit eingefahrene Kapillarenpositionen und hohe Gasflüsse eine Abweichung vom linearen Verlauf. Ab zirka $Q_{Ar,\ zKap=26mm}$=500 sccm steigt der Innendruck stärker als linear und stärker als berechnet an. Bei Gasflüssen oberhalb von dieser Schwelle fällt auf, dass die Druckwerte intensive Schwankungen aufweisen. Exemplarisch ist der Druckwert für $Q_{Ar,\ zKap=26mm}$=875 sccm dargestellt. Dieses Verhalten wird auf sich ausbildende Strömungswiderstände im Bereich zwischen Kapillare und Probeninnenkontur zurückgeführt. Dieser zusätzliche Widerstand verhindert das Ausströmen des Gases und erzeugt bis zum Zusammenbrechen dieses Zustandes einen höheren Druck am Endstück. Die rote Kurve führt den Verlauf zwischen $Q_{Ar,\ zKap=26mm}$=0 sccm bis $Q_{Ar,\ zKap=26mm}$=500 sccm fort. Nach Zusammenbruch des instabilen Strömungswiderstandes stellt sich ein deutlich geringerer Druck am Endstück ein und erfüllt den linearen Verlauf der roten Kurve.

Im Vergleich mit den Untersuchungen von Hoffmann et al. konnte durch die eigens ermittelten Kalibrierkurven die physikalisch erwarteten linearen Verläufe der Druck-Gasflusskurven erzielt werden. Das Auftreten von Druckschwankungen wurde von Hoffmann et al. nicht beobachtet */Hof 14, S. 6/*.

Im nächsten Versuch wurde für diskrete Gasflüsse die Kapillarenposition variiert. Die Ergebnisse sind in Abbildung 24 dargestellt.

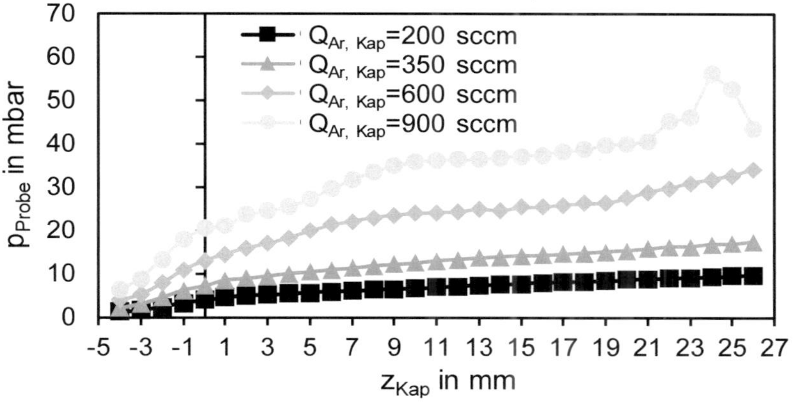

Abbildung 24: Zusammenhang zwischen Probeninnendruck und Kapillarenposition für unterschiedliche Argongasflüsse

Das Gas, welches aus der Kapillare in die Probeninnengeometrie eintritt, erzeugt auf Grund seiner Bewegungsenergie am Ende der Kontur einen Staudruck. Steht die Kapillare außerhalb der Probengeometrie, z_{Kap}=-4 mm bis z_{Kap}=0 mm, tritt nur ein geringer Teil an Gasteilchen in die Innenkontur ein. Durch Annäherung der Probe an die Kapillare treten mehr Gasteilchen in die Innengeometrie ein und die Kapillare selbst stellt einen Strömungswiderstand für die wieder austretenden Gasteilchen dar. Diese beiden Effekte lassen den Innendruck stärker ansteigen.

Steht die Kapillare innerhalb der Innengeometrie treten die Gasteilchen in die Innengeometrie ein und erzeugen den Staudruck. Angetrieben vom Druckgradienten zwischen Innendruck und Umgebungsdruck (Rezipientendruck) strömen die Gasteilchen durch den Ringspalt zwischen Kapillare und Probeninnenkontur aus. Wie in Abbildung 24 ersichtlich, nimmt der Druck bei geringen Gasflüssen ($Q_{Ar, Kap}$=200 sccm und $Q_{Ar, Kap}$=350 sccm) mit steigender Eindringtiefe annähernd linear zu. Ursache hierfür ist der zunehmende Anteil der vergrößerten inneren Oberfläche als Reibungswiderstand. Für höhere Gasflüsse ($Q_{Ar, Kap}$=600 sccm und $Q_{Ar, Kap}$=900 sccm) gilt ein ähnlicher Zusammenhang, allerdings ergibt sich wie schon in Abbildung 23 erkennbar eine zusätzliche Widerstandskomponente, die den Staudruck im Probeninneren weiter erhöht.

Aus den Werten der ersten beiden Versuchsteilen wurden per linearer Interpolation die Zwischenwerte errechnet, siehe Abbildung 25.

Aus dieser Darstellung wird deutlich, dass bei außenstehender Kapillare der Staudruck im Probeninneren signifikant geringer ist als bei eingefahrener Kapillare. Dieser Effekt verstärkt sich bei höheren Gasflüssen. Für Gasflüsse unterhalb von $Q_{Ar, Kap}$<500 sccm und bei eingefahrener Kapillare nimmt der Druck linear und stetig mit dem Gasfluss und der z-Position zu. Bei höheren Gasflüssen und speziell bei tief eingefahrener Kapillare treten Druckinstabilitäten auf.

Die Existenz dieser instabilen Widerstandszustände ist wichtig für die Auslegung weiterer Experimente, da ein stabiler Plasmabetrieb in einem instabilen Druckregime nicht möglich wäre.

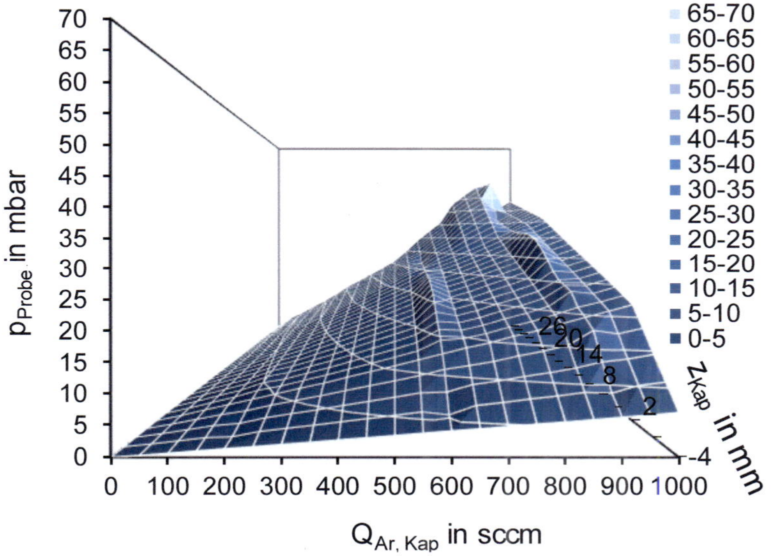

Abbildung 25: Dreidimensionale Darstellung der Abhängigkeit des Probeninnendruckes vom Gasfluss und der Kapillarenposition

Ein weiterer Versuchsabschnitt der Gasdruckmessungen war der Nachweis der Überschallexpansion am Probenausgang bei eingefahrener Kapillare. Hierfür wurden Gasflussvariationen für die z-Positionen z_{Kap}=-4 mm und z_{Kap}=15 mm durchgeführt. Über einen zusätzlichen Gaseinlass ($Q_{Ar,\,Rez}$) an der Vakuumkammer konnte der Rezipienteninnendruck gezielt verändert werden. Bei gleichzeitiger Variation des Gasflusses durch die Kapillare wurde der sich einstellende Staudruck in der Probe gemessen. Das obere Diagramm in Abbildung 26 zeigt den Probeninnendruck für die Kapillarenposition z_{Kap}=-4 mm. Eine Änderung des Kammerdruckes konnte direkt als Erhöhung des Probeninnendruckes gemessen werden. Im unteren Diagramm von

Abbildung 26 konnte bei gleichem Vorgehen und eingefahrener Kapillare z_{Kap}=15 mm keine Änderung des Probeninnendruckes detektiert werden.

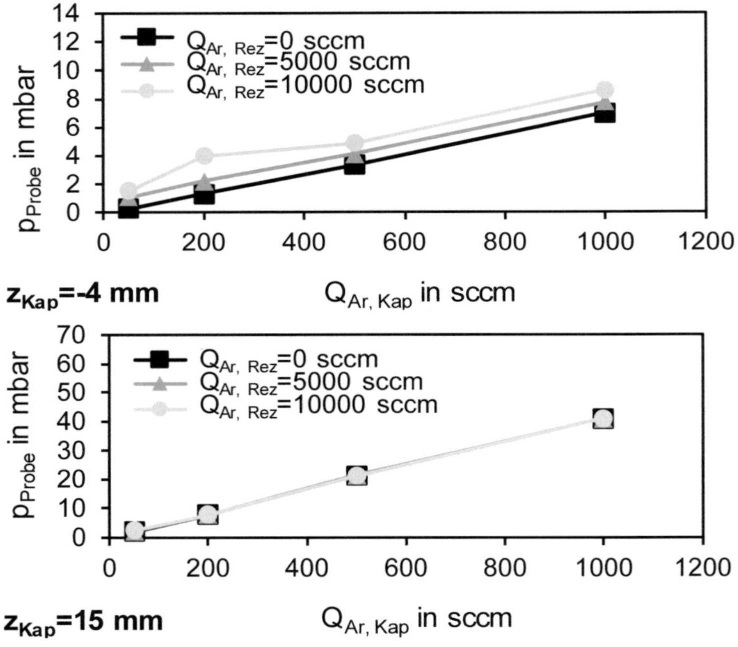

Abbildung 26: Nachweis der Überschallexpansion am Probenausgang. Oberes Diagramm bei außenstehender Kapillare. Unteres Diagramm bei eingefahrener Kapillare

Dieser Effekt wird auf eine Überschallexpansion des Gases beim Austritt aus dem Probeninneren in den Rezipienten zurückgeführt. Dies setzt voraus, dass der Probeninnendruck p_{Probe} mindestens dem doppelten Rezipientendruck p_{Rez} entsprechen muss. Wie bereits in Abbildung 24 dargestellt, nimmt der Probeninnendruck bei Einfahren der

Kapillaren stark zu, während der Rezipientendruck bei gleichem Gasfluss durch die Kapillare konstant bleibt. Somit ist die Bedingung für eine Überschallexpansion gegeben.

Da der Gasfluss durch die Kapillare den Rezipientendruck ebenfalls erhöht, muss ein Mindestgasfluss durch die Kapillare und somit ein erhöhter Probeninnendruck eingestellt werden. Die praktische Bedeutung der experimentell nachgewiesenen Überschallexpansion ist die Unabhängigkeit der Vorgänge im Probeninnenraum von den Einflussfaktoren des Vakuumrezipienten, wie zum Beispiel kleine Leckagen, Verunreinigung mit Fremdgas oder nichtkonstante Saugleistungen von Pumpsystemen bei Gaslasterhöhung oder Gasartänderung.

In Vorbereitung auf die Beschichtungsversuche wurden Versuche mit Mischgasen durchgeführt. Die Motivation hinter dieser Untersuchung war die Suche nach einer eventuellen gasartabhängigen Pumpwirkung im Vakuumsystem oder einer fehlerhaften Gasleitung im Gasversorgungssystem. Die Gase wurden ausschließlich durch die Kapillare in das System eingeleitet. Deshalb erfolgt keine Unterscheidung zwischen Kapillaren- oder Rezipienteneinlassposition der Gase.

Die folgende Tabelle 6 verdeutlicht den Versuchsablauf und die Ergebnisse. Die Kapillarenposition entsprach dabei z=26 mm und der Gesamtgasfluss wurde dabei mit Q_{Ges}=300 sccm konstant gehalten. Im Experiment wurde die Zusammensetzung des einströmenden Gases in die Innenkontur variiert und der Staudruck gemessen. Dabei ergab sich unabhängig von der jeweiligen Gasmischung der gleiche Staudruck in der Probe.

Tabelle 6: Ergebnisse der Mischgasuntersuchung und Nachweis der Gasartunabhängigkeit des Gas- und Vakuumsystems

Q_{Ges} in sccm	Q_{Ar} in sccm	Q_{TMS} in sccm	Q_{C2H2} in sccm	p_{Probe} in mbar
300	300	0	0	15
300	290	10	0	15
300	290	0	10	15
300	280	10	10	15

Für die weiteren Versuche mit Mischgasen bedeutet dies einen unkomplizierten Umgang mit Partialdruckberechnungen für Gasvariationsversuche. Eine aufwendige Gasflussberechnung entfällt. Der Effekt der Überschallexpansion mit einer konstanten virtuellen Saugleistung trägt positiv zu diesem gefundenen Zusammenhang bei.

4.3.2 Untersuchung des elektrischen Anregungssignals

Im Folgenden werden das elektrische Anregungssignal und dessen Einflussparameter untersucht.

Die Einstellungen und die Konfiguration des Netzteils sind in Kapitel 4.2.1 beschrieben. Da das Stromversorgungsnetzteil sowohl zur reproduzierbaren Plasmazündung als auch während der Beschichtung zur gezielten Beeinflussung der Ionenenergie im spannungsgeregelten Modus benutzt werden soll, besitzt das Spannungssignal eine besondere Bedeutung für die beschriebene Hohlkathodenplasmabeschichtung. Zur Generierung einer initialen Glimmentladung mit anschließendem Übergang zur Hohlkathodenentladung kann eine hochfrequente Spannungsversorgung oder eine Gleichspannung genutzt werden. Im Hinblick auf die Abscheidung von nichtleitenden Schichten wird eine gepulste Gleichspannung gewählt. Die fortschreitende Passivierung der Kathode würde im Fall einer ungepulsten Gleichspannung zu einer statischen Aufladung mit anschließender Lichtbogenentladung führen, die die Kathode und die Schicht beschädigen könnten. Außerdem bleibt bei Verwendung einer gepulsten Gleichspannung mit steilen Flanken die Kathode über die kapazitive Kopplung trotz der elektrischen Isolierung weiterhin leitfähig */Rei 10, S. 96/*. Dies ermöglicht in Beschichtungsprozessen konstante Wachstumsraten. Die gepulste Gleichspannung findet in der PVD-Technik zum reaktiven Sputtern von nichtleitenden Targetmaterialien Anwendung */Ber 05, S. 227/*.

Für die Untersuchungen zum Einfluss der Netzteilparameter wurden die in Tabelle 7 zusammengefassten Parameter gewählt. Die mit einem Stern versehenen Werte wurden einzeln in den betreffenden Versuchsteilen variiert.

Tabelle 7: Parameterübersicht der Experimente zur Analyse des Netzteilverhaltens. Selektiv variierte Parameter sind mit * versehen

Parameter	Einheit	Wert (* wenn variiert)
z_{Kap}	in mm	-4
p_{Probe}	in mbar	1
Gas		Ar
$\lvert\bar{U}\rvert$	in V	220*
f	in kHz	200*
$t_{Puls\text{-}Pause}$	in µs	0,4*

Die Messungen der elektrischen Spannung wurden mit dem in Kapitel 4.2.5 beschriebenen Messaufbau unter stabilen Hohlkathodenbedingungen durchgeführt. Zur Erklärung des Spannungssignals wurde eine Standardmessung nach Tabelle 7 aufgenommen und in Abbildung 27 dargestellt.

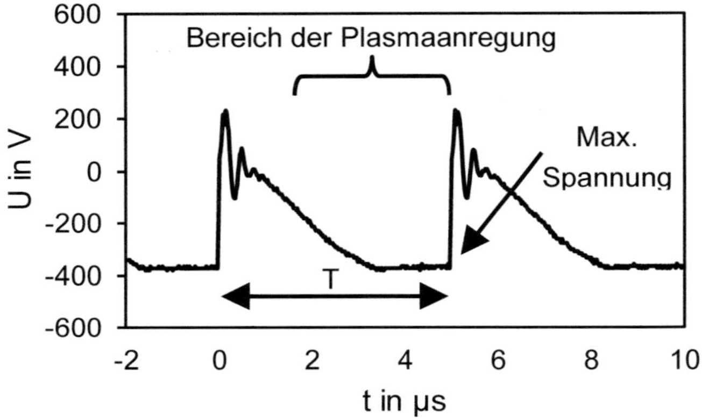

Abbildung 27: Rechtecksignal der Anregungsspannung mit Einflussgrößen

Bei Betrachtung des Spannungsverlaufs fällt auf, dass die gemessene Signalform deutlich von der idealen unipolaren Rechteckform (Abbildung 9) abweicht. Bei t=0 µs wird die maximale negative Spannung durch eine steile Rampe auf $U_{Soll}=0{,}1^*|\bar{U}|$ erhöht, um die Kathode zu entladen. Auf Grund des hohen Spannungsgradienten und der relativ hohen Induktivität, infolge langer Kabel, überschwingt der Wert sehr stark über den Sollwert. Dieser Effekt kann, wie im weiteren Verlauf des Kapitels beschrieben, durch Steigerung der Spannung mit Hilfe einer Erhöhung der Puls-Pause-Dauer noch verstärkt werden.

Auf Grund der geringen Ströme (I<0,5 A) wird laut Hersteller die Puls-Pause-Zeit nicht exakt eingehalten und verlängert sich auf ca. t=1 µs. Während einer effektiven Puls-Pause-Dauer von ca. t=1,0 µs wird die Ladungsträgerdichte des Bulk-Plasmas unter stabilen Entladungsbedingungen nicht signifikant abnehmen */Sch 00, S. 22/*. Im Vergleich zur in der Quelle beschriebenen gepulsten DC-Magnetron-Entladung verstärkt sich dieser Effekt durch die höhere Ladungsträgerdichte einer Hohlkathodenentladung infolge der Anwesenheit der Pendelelektronen */Vor 09, S. 423/*. Daher wird direkt nach Anlegen der negativen Spannung die Plasmadichte wieder stark zunehmen, angetrieben durch das elektrische Feld und den Einfluss der Pendelelektronen. Anschließend nähert sich der Spannungswert dem Maximalwert an.

Die Analyse des Amplitudenspektrums soll mögliche Leitungsverluste und Störquellen identifizieren. Hierfür wurde an den diskreten Messwerten des Spannungssignals mit den Standardeinstellungen (siehe Tabelle 7) eine Fast-Fourier-Transformation (FFT) unter Berücksichtigung des Nyquist-Shannon-Abtasttheorems (Signalfrequenz: f_{Signal}=200 kHz, Abtastrate der Oszilloskopmessung: f_{Abtast}=50 MHz) durchgeführt und in Abbildung 28 dargestellt. Durch Vervielfältigung der vier Ausgangspulse auf 20 Pulse wurde die Anzahl der Stützstellen (2^n, n=1, 2, 3...) deutlich erhöht, so dass nach Durchführung der FFT eine höhere Auflösung und ein größerer Frequenzbereich (nicht beschränkt auf $f \leq f_{Abtast}/2$) des Amplitudenspektrums erzeugt wurde, ohne das Signal zu beeinflussen. Dies war nötig, da der Unterschied zwischen Signal- und Abtastfrequenz sehr groß war.

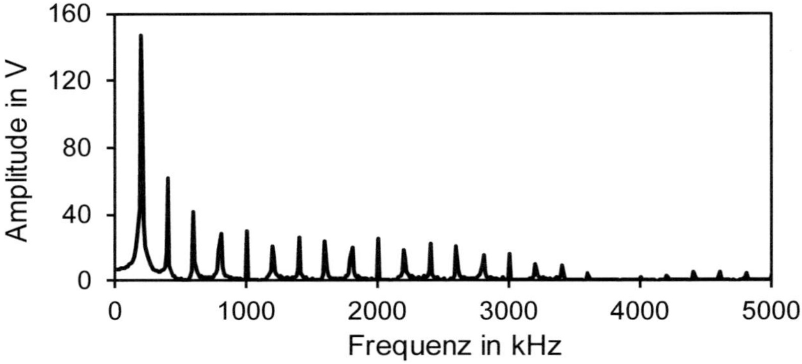

Abbildung 28: Amplitudenspektrum der Anregungsspannung des Standardsignals (f=200 kHz, $t_{Puls\text{-}Pause}$= 0,4 µs, |Ū|=220 V)

Das Amplitudenspektrum des verwendeten Spannungssignals entspricht weniger dem einer gepulsten Rechteckspannung (vergleiche Abbildung 10, S. 41), als vielmehr dem einer Sägezahnspannung mit Gleichspannungsanteil. In der Theorie, das heißt für ideale Rechteckimpulse, hätten Vielfache der Grundfrequenz existieren müssen, die als Nullstellen Rückschlüsse auf das Puls-Pause-Verhältnis hätten zulassen können */Kar 05, S. 46/*. Die Tatsache, dass nur diskrete Frequenzen bei ganzzahligen Vielfachen der Grundfrequenz von f=200 kHz zu beobachten sind, weist auf die Abwesenheit von Störfrequenzen hin. Die hochfrequenten Überschwinger im Spannungsverlauf zu Beginn der Puls-Pause sind daher Vielfache der Grundfrequenz. Sie sind auf das Regelverhalten des Netzteiles und eine hohe Kabelimpedanz zurückzuführen. Kleinere Amplituden von Zwischenfrequenzen sind durch Rauschen im Messsignal begründet und verdeutlichen die störungsarme Leitung des Spannungssignals. Da auch hochfrequente Anteile der Amplitude im MHz-Bereich übertragen werden, wird das Signal nicht durch Bauelemente mit Tiefpasswirkung in der Übertragung beeinflusst */Her 05, S. 360f/*.

Im Folgenden werden die Einflussgrößen mittlere Spannung, Frequenz und Puls-Pause-Dauer für den stabilen Betrieb einer Hohlkathodenentladung betrachtet. Die Maximalspannung und deren Wirkdauer definieren unter Beeinflussung des Gasdruckes die Ladungsträgerdichte und die Ionenenergie. Dabei hängt der prozessrelevante Maximalwert des Spannungssignals von der mittleren Spannung, die als Anlagenparameter programmiert wurde, ab. Da erste Untersuchungen zur Spannungsmessung bereits deutliche Abweichungen zu den mit Formel 4 errechneten Maximalspannungen aufwiesen, wurde der Zusammenhang experimentell untersucht und die mittlere Spannung unter den Prozessbedingungen aus Tabelle 7 variiert. Die Auswertung wurde an den einzelnen Signalen vorgenommen und die absoluten Mittelwerte der Maximalspannung aus drei Versuchen in Abbildung 29 über die absoluten mittleren Spannungen aufgetragen.

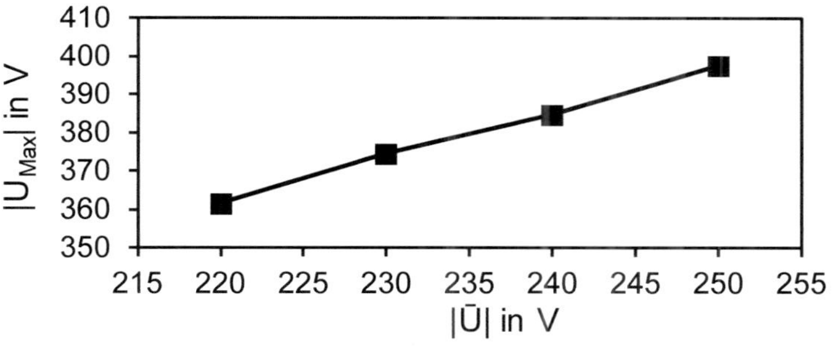

Abbildung 29: Lineare Steigerung der effektiven Kathodenspannung durch Erhöhung der mittleren Spannung für f=200 kHz und $t_{Puls\text{-}Pause}$=0,4 µs

Die Maximalspannung und die mittlere Spannung zeigen eine lineare Abhängigkeit und kann durch wie durch Formel (18) beschrieben werden. Allerdings unterscheiden sich die gerechneten Maximalwerte erheblich von den berechneten Werten. So wäre für die Ausgangswerte $|\bar{U}|$=220 V, f=200 kHz und $t_{Puls\text{-}Pause}$=0,4 µm eine Maximalspannung von $|U_{Max}|$=239 V zu erwarten gewesen. Die gemessene Maximalspannung liegt um ca. 50% höher als der berechnete Wert. Als Ursache wird die Deformierung des Rechteckpulses mit hohen positiven Überschwingern und Sägezahnanteil vermutet. Die ebenfalls experimentell ermittelten mittleren Spannungen $\bar{U}$ stimmen mit den programmierten überein. Somit liegt keine Fehlfunktion des Netzteils vor.

Im nächsten Versuchsteil wird der Einfluss der Puls-Pause-Dauer untersucht. Auf Grund des im Vergleich zur Frequenz höheren Variationsbereichs hat die Puls-Pause-Dauer den größten Einfluss auf eine Verstärkung der Maximalspannung. Die Ergebnisse sind in Tabelle 8 aufgelistet.

Tabelle 8: Spannungssignale der Puls-Pause-Variationen für $|\bar{U}|$=220 V und f=200 kHz

$t_{Puls\text{-}Pause}$=0,4 µs

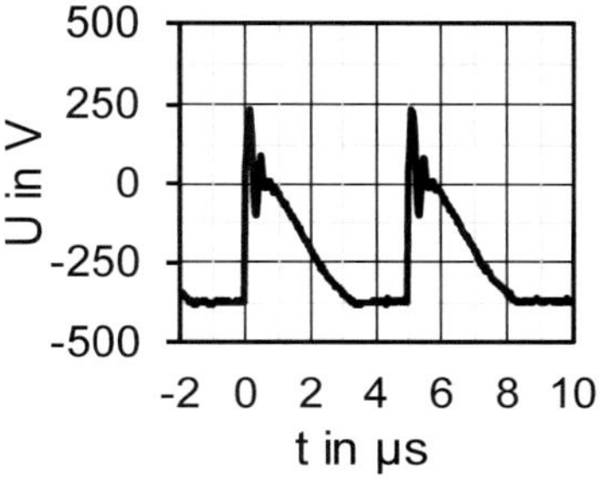

$t_{Puls\text{-}Pause}$=0,8 µs

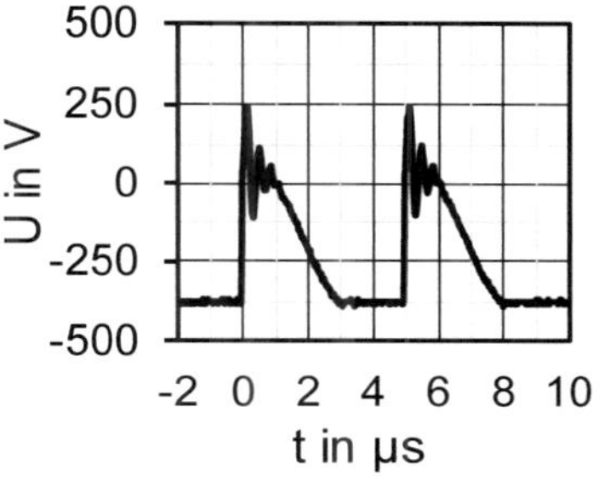

$t_{Puls\text{-}Pause}$=1,2 µs

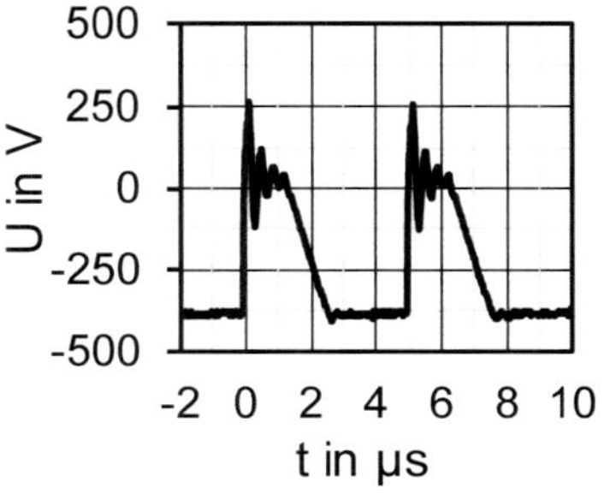

$t_{Puls\text{-}Pause}$=1,4 µs

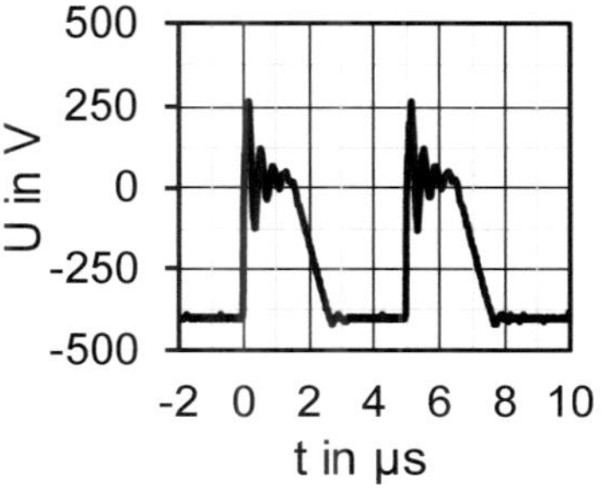

$t_{Puls\text{-}Pause}$=1,6 µs

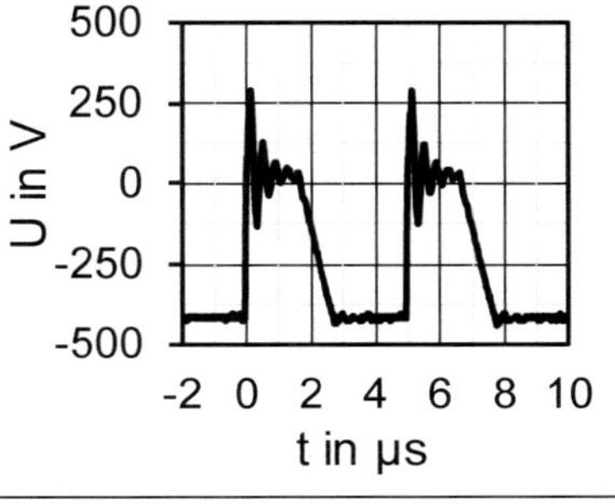

$t_{Puls\text{-}Pause}$=2,2 µs

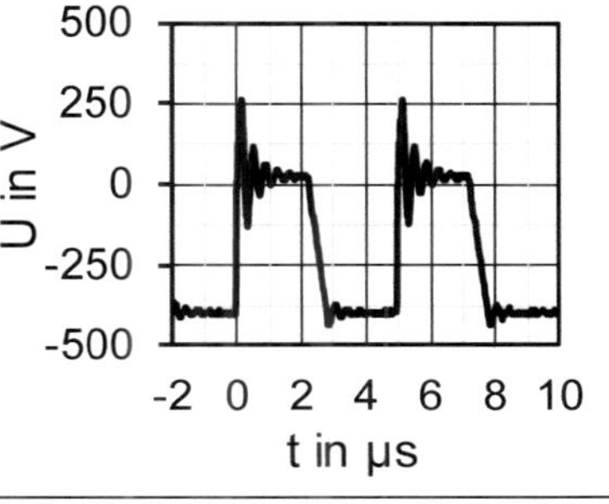

Eine Übersicht der Maximalspannungen und die sich dabei einstellenden mittleren Ströme sind in Abbildung 30 dargestellt. Die Ströme wurden direkt vom Netzteil als arithmetischer Mittelwert aller Werte vom Nulldurchgang nach $t>t_{Puls\text{-}Pause}$ bis t=T berechnet und von der Auswertesoftware ausgegeben. Im Diagramm ist die deutliche Zunahme der Maximalspannung mit steigender Puls-Pause-Dauer zu erkennen, die stärker ausfällt als theoretisch zu erwarten gewesen wäre. Die Stromstärke nimmt ebenfalls mit steigender Puls-Pause-Dauer zu, was allerdings auf die steigende Maximalspannung zurückzuführen ist. Unter der Annahme, dass die Ionendichte in der Hohlkathode auch unter Reaktivgaseinfluss hoch ist und dadurch hohe Schichtwachstumsraten möglich sind, ist es ratsam den Wachstumsprozess über eine Verringerung der Stromstärke als Kenngröße des Ladungsträgeraustauschs an der Kathode zu verlangsamen.

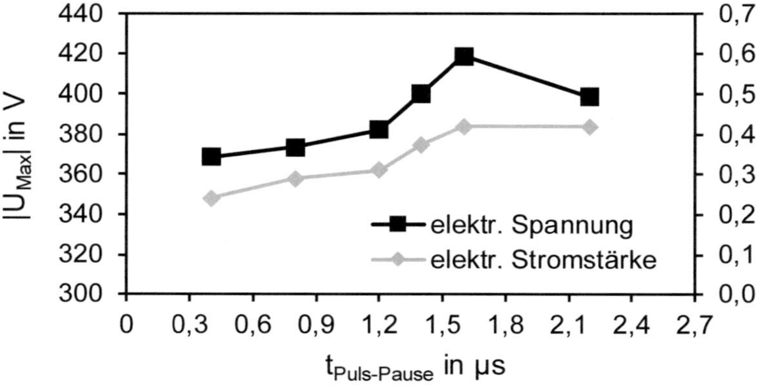

Abbildung 30: Abhängigkeit der maximalen Spannung und der sich einstellenden mittleren Stromstärke von der Puls-Pause-Dauer

Somit kann die reaktive Spezies eine dichtere und härtere Schicht bilden. Außerdem verhindert die minimale Puls-Pause-Dauer von $t_{Puls\text{-}Pause}$=0,4 µs die Aufladung der dielektrischen Kathodenoberfläche zuverlässig. Während dieser Experimente wurden für verschiedene Frequenzen die mittlere Spannung von einem relativ niedrigen Wert schrittweise erhöht bis der Übergang von der Glimmentladung zur Hohlkathodenentladung erfolgte.

In der folgenden Ergebnisdarstellung wird der Einfluss der Frequenz auf die Erzeugung einer Hohlkathodenentladung behandelt. Die mittleren Spannungen und die sich dabei einstellenden Ströme in Abhängigkeit von der Frequenz sind in Abbildung 31 dargestellt.

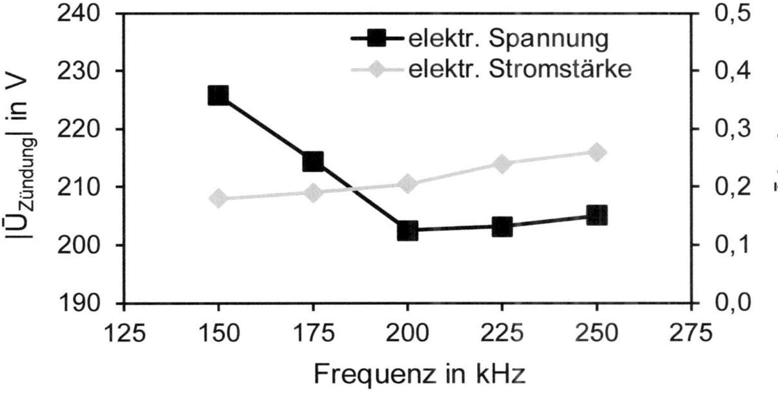

Abbildung 31: Abhängigkeit der absoluten mittleren Zündspannung von der Frequenz und der sich dabei einstellende mittlere elektrische Stromstärke

Die Frequenzen wurden in Schritten von Δf=25 kHz variiert. Die mittlere Zündspannung sinkt dabei bis zu einer Frequenz von f=200 kHz.

Oberhalb dieser Schwelle steigt die nötige Zündspannung leicht an. Die sich bei stabiler Hohlkathodenentladung einstellende Stromstärke steigt mit der Frequenz stetig an.

Für die weiteren Experimente wurde die Frequenz f=200 kHz gewählt, da sich eine Hohlkathodenentladung bei der geringsten Spannung und einer moderaten Stromstärke einstellen lässt. Für weitere Untersuchungen kann somit ein möglichst großer Spannungs- und Stromstärkebereich für Parametervariationen genutzt werden.

Zusammenfassend lässt sich festhalten, dass die Auswahl und Analyse des Spannungssignals von entscheidender Bedeutung für das Verständnis der Plasmazündbedingungen und der Eigenschaften der Ionen während der Beschichtung waren. Für Beschichtungsexperimente sollten daher die Bereiche für Plasmastabilität und optimale Ionenenergie einen möglichst großen Überschneidungsbereich bilden und werden in Kapitel 4.3.3 weiterführend untersucht. Auf Grund der Festlegung auf eine Frequenz von f=200 kHz und auf einen fixen Duty-Cycle werden in weiteren Untersuchungen zur Plasmastabilität und zur Beschichtung ausschließlich mittlere Spannungswerte verwendet.

4.3.3 Untersuchung der Plasmastabilität

4.3.3.1 Vorbetrachtungen

Die gewählte Konfiguration für die Beschichtung von innenliegenden Konturen aus gaszuführender Kapillare und die direkt angelegte gepulste Gleichspannung zur Plasmaanregung bedingt eine genaue Kenntnis darüber, in welchem Parameterfeld stabile Plasmabedingungen vorherrschen.

Aus der Literatur zur Zündbedingung von Feldanregungen ist bekannt, dass die elektrische Spannung, der Gasdruck und die geometrischen Abstände der Kathoden den größten Einfluss auf die Plasmazündung und -stabilität haben. Im Folgenden wurden diese Parameter untersucht, um so einen stabilen Arbeitsbereich für die Experimente zur Beschichtung in Innenkonturen zu erhalten.

Die Untersuchungen zu den Staudruckeinflussgrößen (Kapitel 4.3.1) und zum Anregungssignal (Kapitel 4.3.2) stellen die Grundlagen für die Plasmastabilitätsuntersuchungen dar. Dabei ist anzunehmen, dass nach Plasmagenerierung der Probeninnendruck z. B. durch thermische Energie (siehe S. 100) beeinflusst wird.

Um die Plasmagenerierung und –stabilität zu untersuchen, wurde folgendes Vorgehen angewandt. Für alle Stabilitätsuntersuchungen wurde eine Probe verwendet, die während der Einzeluntersuchungen nicht ausgetauscht wurde. Dies sollte verhindern, dass eine probenspezifische Leckage die Einflussuntersuchung stört. Der geringfügige Abtrag des Kathodenmaterials über die Vielzahl der Versuche kann dabei vernachlässigt werden. Alle Versuche wurden als Prozessablauf programmiert, um somit eine möglichst hohe Reproduzierbarkeit zu gewährleisten. Außerdem wurden die Einzelversuche mindestens dreimal wiederholt.

Zwischen den Prozessabläufen wurde die Vakuumkammer geflutet. Nachdem die Anlage auf einen Basisdruck von $p_{Rez}=2*10^{-2}$ mbar evakuiert wurde, stellte sich ein Gasfluss ein, der über den gesamten Prozessverlauf konstant blieb. Danach wurden Spannungsintervalle in Rechteckform abgefahren, die t=15 s andauerten und von 2-minütigen Pausen unterbrochen wurden. Zu Beginn jedes einzelnen Spannungsintervalls wurde zunächst ein Spannungsimpuls von $|\bar{U}|$=220 V für t=100 ms verwendet, um eine sichere Plasmagenerierung und Hohlkathodenentladung als Startbedingung zu gewährleisten.

Die variierenden Spannungen bzw. Wertebereiche wurden je nach Gasfluss angepasst (siehe Tabelle 9, z_{Kap}=-4 mm).

Tabelle 9: Übersicht der Plasmastabilitätstests bei außenstehender Kapillare (z=-4 mm)

p_{Probe}	z_{Kap}	$\lvert\bar{U}\rvert$	$\Delta\bar{U}$
in mbar	**in mm**	**in V**	**in V**
0,5	-4	240 – 330	10
0,75	-4	190 – 280	10
1	-4	190 – 280	10
1,25	-4	180 – 270	10
1,5	-4	170 – 260	10
2	-4	170 – 260	10

Ziel war es hierbei einen Spannungsbereich von unterhalb der Plasmagenerierung bis zum Bereich der Lichtbogenentladung zu untersuchen. Diese Versuche wurden sowohl für die außenstehende (z_{Kap}=-4 mm) als auch für eine eingefahrene Kapillarenposition (z_{Kap}=23 mm) durchgeführt.

Tabelle 9 gibt einen Überblick der einzeln durchgeführten Experimente für eine Kapillarenposition von z_{Kap}=-4 mm. Auf Grund der Spannungs- und Druckabhängigkeit der Hohlkathodenentladung musste der Spannungsbereich für die Versuche entsprechend dem

Druck angepasst werden. Hinzu kommt die netzteilseitige Strombegrenzung, die den Spannungsbereich nach oben limitiert, und die Ist-Spannung verringern würde. Dadurch würden die Messwerte negativ beeinflusst werden.

4.3.3.2 Spannungs-Strom-Charakteristik

Um die Entstehung der Hohlkathodenentladung besser verstehen zu können, ist es sinnvoll, die Anregungsspannung über den Entladungsstrom darzustellen und den Kurvenverlauf zu interpretieren. Abbildung 32 zeigt die Spannungs-Strom-Charakteristik für die Entladung bei einem Probeninnendruck von p_{Probe}=2 mbar.

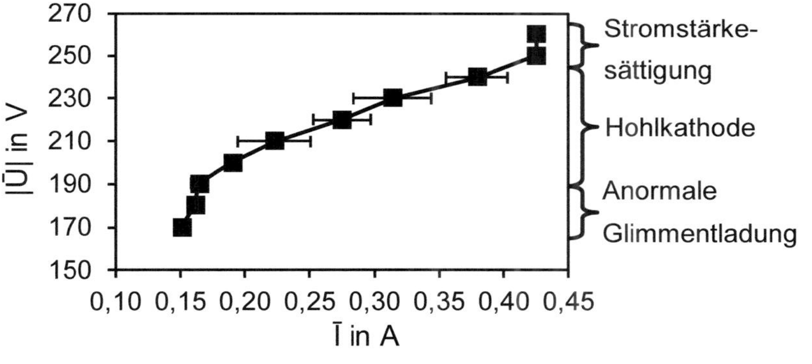

Abbildung 32: Spannungs-Strom-Charakteristik der Entladung für p_{Probe}=2 mbar

Für Spannungen zwischen |Ū|=170 - 190 V steigt die Stromstärke nur geringfügig an, was typisch für eine anormale Glimmentladung ist. In diesem Spannungsbereich sind die Kathodenwände in axialer Ausbreitung vollständig von einem Glimmplasma bedeckt. Radial betrachtet, besitzt das negative Glimmlicht eine geringe Ausdehnung. Die

Energie der Ionen und Sekundärelektronen, aufgenommen über den Kathodenfall, reicht nicht aus, um die Distanz zwischen den gegenüberliegenden negativen Glimmlichtern zu überwinden. In diesem Modus wird ein Plasma mit geringer Leuchtintensität am Ausgang der Innengeometrie beobachtet.

Bei weiterer Erhöhung der Anregungsspannung können die Elektronen den Kathodenfall der jeweils gegenüberliegenden Kathode erreichen und werden an ihr reflektiert. Der einsetzende Hohlkathodeneffekt führt zu einer deutlich erhöhten Ionisierung in den nun verbundenen negativen Glimmlichtern. Folglich steigt die Stromstärke mit einer geringen Erhöhung der Spannung stark an. Das austretende Plasma leuchtet intensiv und weicht farblich, auf Grund der Wechselwirkung der Ladungsträger mit der Kathodenwand, von dem einer reinen Argonentladung ab. Diese Zusammenhänge wurden von Schoenbach et al. */Sch 96, S. 14/*, Arslanbekov et al. */Ars 98, S. 316/*, Baguer et al. */Bag 02, S. 315/* und Li et al. */Li 10, S. 2-3/* ebenfalls beobachtet.

Die Sättigung der Stromstärke tritt bei einem Wert von $\bar{I}$=0,42 A ein und ist als Sicherung gegen Bogenentladungen gewünscht.

4.3.3.3 Einfluss des Druckes und der Anregungsspannung

Da der Übergang von der anormalen Glimmentladung zur Hohlkathode gleichmäßig erfolgt, wurde nach einer Möglichkeit gesucht, die beiden Zustände zuverlässiger voneinander zu trennen. Hierfür wurde der Ansatz des Ohm'schen Widerstandes gewählt.

$$R = \frac{P}{\bar{I}^2} \tag{21}$$

Alternativ kann der Ansatz über die elektrische Leitfähigkeit verwendet werden, siehe */Ben 14/*.

Für eine Auswertung der Ergebnisse wurden die Stromstärke und die Leistung des spannungsgeregelten Netzteils verwendet. Dies lässt Rückschlüsse auf die Plasmaleitfähigkeit bzw. dessen elektrischen Widerstand und somit die Existenz des stabilen Gasentladungsmodus der Hohlkathode zu.

Da die elektrischen Größen über den zeitlichen Verlauf des Spannungsrechtecks Schwankungen oder auch Plasmainstabilitäten unterworfen sein können, wurden die mittlere Stromstärke und die dazugehörige Leistung ermittelt.

Das obere Diagramm in Abbildung 33 zeigt den Zusammenhang zwischen Probeninnendruck und dem elektrischen Widerstand für eine Spannung von $|\bar{U}|$=260 V und eine Kapillarenposition von z_{Kap}=-4 mm. Der Übergang von der anormalen Glimmentladung zur Hohlkathodenentladung erfolgt mit großem Gradienten des elektrischen Widerstandes von p_{Probe}=0,5 mbar zu p_{Probe}=0,75 mbar. Unterhalb der Schwelle von ca. R=800 Ω ist das Plasma stabil. Zu erklären ist dieser Effekt durch die starke Zunahme an Ladungsträgern in Folge der Abnahme der mittleren freien Weglänge der Gasteilchen und des einsetzenden Hohlkathodeneffekts. Makroskopisch führt dies zu einer Erhöhung der Leitfähigkeit des Plasmas. Der Übergang von der anormalen Glimmentladung zur Hohlkathodenentladung erfolgt mit großem Gradienten des elektrischen Widerstandes von p_{Probe}=0,5 mbar zu p_{Probe}=0,75 mbar. Unterhalb der Schwelle von ca. R=800 Ω ist das Plasma stabil.

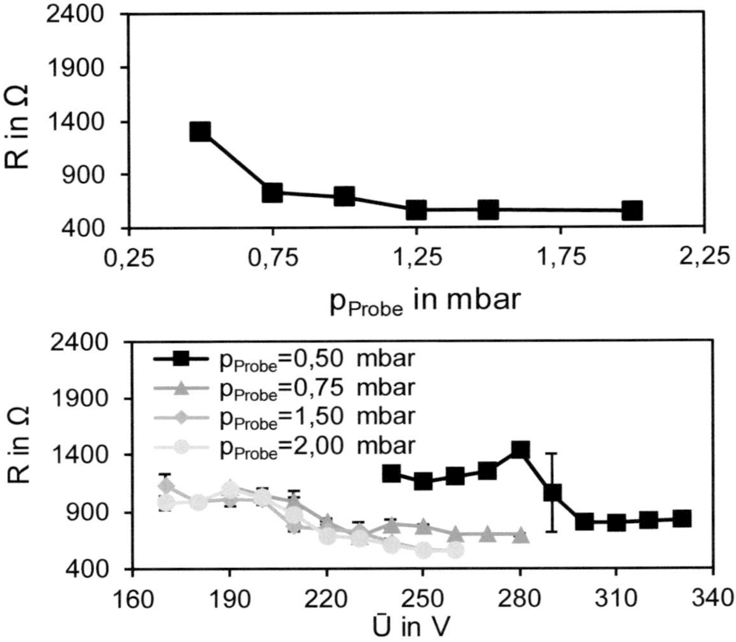

Abbildung 33: Abhängigkeit des elektrischen Widerstandes vom Probeninnendruck für $|\bar{U}|$=260 V (oben) und von der elektrischen Spannung für vier unterschiedliche Probeninnendrücke (unten) bei einer Kapillarenposition von z_{Kap}=-4 mm

Zu erklären ist dieser Effekt durch die starke Zunahme an Ladungsträgern in Folge der Abnahme der mittleren freien Weglänge der Gasteilchen und des einsetzenden Hohlkathodeneffekts. Makroskopisch führt dies zu einer Erhöhung der Leitfähigkeit des Plasmas.

Den Zusammenhang zwischen der elektrischen Spannung und dem elektrischen Widerstand für unterschiedliche Probeninnendrücke stellt das untere Diagramm in Abbildung 33 dar. Für höhere Drücke $p_{Probe} \geq 0{,}75$ mbar lässt sich bei geringeren Spannungen der Übergang von der anormalen Glimm- zur Hohlkathodenentladung vollziehen. Für höhere Drücke ändert sich der Spannungsbereich des Übergangs nicht.

Der Verlauf der Kurven ähnelt sich (Abbildung 33), so nimmt vor dem steilen Abfall des elektrischen Widerstandes der Zahlenwert zunächst zu. Dieser Effekt ist auf die Spannungs- und Leistungserhöhung bei nahezu konstanter Stromstärke zurückzuführen. Erst ab einer bestimmten Schwelle, welche den Übergang zur Hohlkathodenentladung darstellt, steigt die Stromstärke im System stärker an. Den hohen Standardabweichungen für elektrische Widerstände im Übergang zur Hohlkathode ist zu entnehmen, dass sich für die eingestellten Einflussparameter während der drei Versuche instabile Plasmazustände ergaben, die zu schwankenden Messergebnissen führten. Dies konnte auch optisch als Flackern des austretenden Plasmafreistrahls beobachtet werden.

Die Versuche, die bei einem Druck von $p_{Probe}=0{,}5$ mbar durchgeführt wurden, benötigten für eine Hohlkathodenentladung deutlich höhere Spannungen und das Stromstärkemaximum wurde schneller erreicht. Der Übergangsgradient ist im Vergleich zu den Versuchen mit höherem Druck deutlich steiler, was auf einen dominanteren Einfluss des Hohlkathodeneffektes schließen lässt. Bei dieser Konfiguration könnte nur ein relativ kleiner Spannungsbereich für weitere Untersuchungen genutzt werden.

Für die Versuche mit der außenstehenden Kapillare z_{Kap}=-4 mm reichten der Probeninnendruck von maximal p_{Probe}=2 mbar und eine maximale mittlere Spannung von $|\bar{U}|$=260 V nicht aus, um den Bereich der Lichtbogenentladung zu erreichen.

Im nächsten Versuchsteil wurde die Plasmastabilität für eine Kapillarenposition von z_{Kap}=23 mm untersucht. Die Vorgehensweise in der Versuchsdurchführung war analog zu der für die Kapillarenposition z_{Kap}=-4 mm. Die verwendeten Parameter für die Experimente mit eingefahrener Kapillare sind in Tabelle 10 aufgelistet.

Tabelle 10: Übersicht der Plasmastabilitätstests bei innenstehender Kapillare (z_{Kap}=23 mm)

p_{Probe}	z_{Kap}	$\|\bar{U}\|$	$\Delta\bar{U}$
in mbar	**in mm**	**in V**	**in V**
5	23	220 – 265	5
10	23	220 – 265	5
12,5	23	220 – 265	5

Der Probeninnendruck erhöht sich bei gleichem Gasfluss und eingefahrener Kapillare stark. Der Variationsbereich der Spannungsrechtecke wurde für die drei Drücke unverändert beibehalten. Die Schrittweite der Änderungen wurde mit $\Delta\bar{U}$=5 V für eine bessere Auflösung der Effekte geringer gewählt als im vorherigen Versuchsteil.

Die experimentell ermittelten Kurven des elektrischen Widerstandes für die eingefahrene Kapillare zeigt Abbildung 34. Aus dem Diagramm ergeben sich, ähnlich wie bei außenstehender Kapillare, zwei Widerstandsniveaus, die durch einen Übergang miteinander verbunden sind. Das höhere Niveau (R>900 Ω) bei niedrigen Anregungsspannungen stellt den anormalen Glimmentladungsmodus dar, während der niedrige Bereich des elektrischen Widerstandes (R<700 Ω) den Hohlkathodenmodus abbildet.

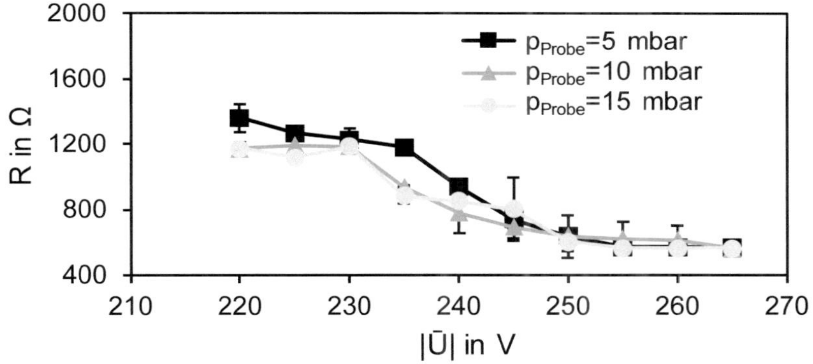

Abbildung 34: Abhängigkeit des elektrischen Widerstandes von der Spannung bei z_{Kap}=23 mm für die Probeninnendrücke von p_{Probe}=5 mbar, p_{Probe}=10 mbar und p_{Probe}=12,5 mbar

Für p_{Probe}=10 mbar und p_{Probe}=12,5 mbar unterscheiden sich die Widerstandswerte in Abhängigkeit von der Spannung nur geringfügig. Bei einem deutlich geringeren Druck von p_{Probe}=5 mbar wird für den Beginn des Übergangs eine höhere Spannung benötigt. Der Hohlkathodenmodus wird für die drei Drücke bei |Ū|=250 V erreicht.

Der Unterschied der Entladungscharakteristiken zwischen verschiedenen Kapillarenpositionen wird in Kapitel 4.3.4 gesondert betrachtet.

4.3.3.4 *Einfluss der Kapillarenlänge und der Kapillarenhalterung*

Während vorangegangener Untersuchungen konnte die Rolle der Anode nicht eindeutig geklärt werden. Die räumlich nächste Anode zum Probenhalter stellt die Kapillarenhalterung dar. Um deren Einfluss auf die Entladung zu untersuchen, wurden die Kapillaren auf unterschiedliche Länge gekürzt (Abbildung 35).

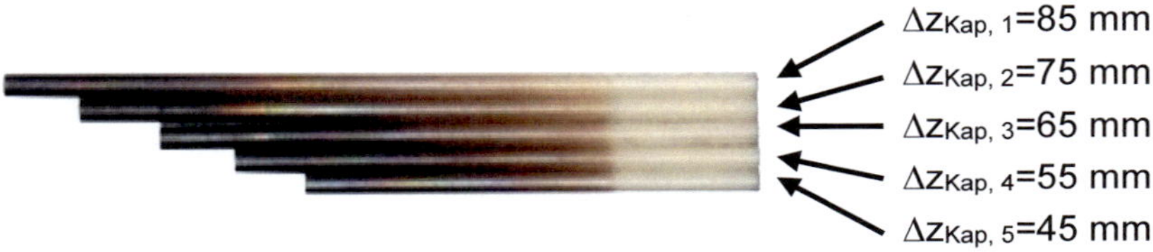

Abbildung 35: Vergleich der unterschiedlich langen Kapillaren (Δz_{Kap}=45-85 mm) für Einflussuntersuchung des Abstandes zwischen Kapillarenhalterung und Probenhalterung nach den Testreihen

Der Unterschied der Kapillarenlänge betrug jeweils Δz_{Kap}=10 mm und es wurde für jede Einzelversuchsreihe eine neue Kapillare eingesetzt. Abbildung 35 ist der Beschichtungszustand nach den Versuchen zu entnehmen. Auffällig ist die Ausdehnung des Belags, die vom linken Kapillarenende aus betrachtet in etwa gleich weit reicht. Deutlich heller erscheint das rechte Ende, welches sich in der Kapillarenhalterung befand. Das angegebene Maß $\Delta z_{Kap,\,i}$ steht für den Abstand zwischen Probenhalterung und Kapillarenhalterung. Die Kapillare wurde für diese Experimente auf die Position z_{Kap}=-4 mm ausgerichtet. Die Ergebnisse der zugehörigen Plasmastabilitätstests sind in Abbildung 36 für die Spannungen $|\bar{U}|$=240 V und $|\bar{U}|$=280 V dargestellt.

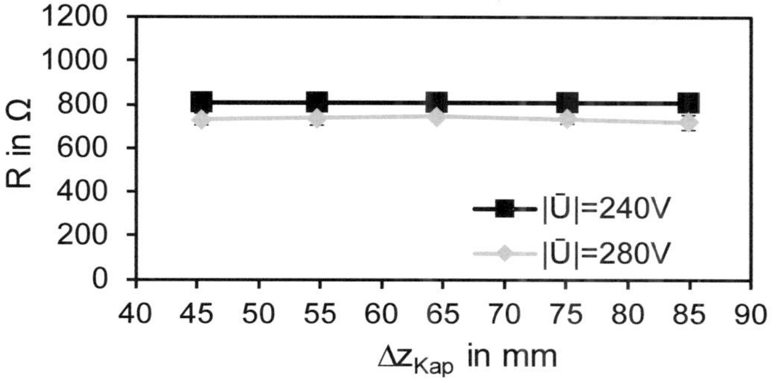

Abbildung 36: Zusammenhang zwischen elektrischem Widerstand und Abstand zwischen Probe und Kapillarenhalterung für zwei unterschiedliche Anregungsspannungen

Es wurden gezielt höhere Spannungen von Hohlkathodenentladungen gewählt, um den Einflussbereich des großen Widerstandsgradienten (Abbildung 33, unten) zu verlassen. Eine Abhängigkeit des elektrischen Widerstandes vom Abstand zwischen Kapillarenhalterung und Probenhalterung konnte nicht festgestellt werden.

Im folgenden Abschnitt des Kapitels werden Effekte beschrieben, die bei der Untersuchung der Plasmastabilität einen großen Einfluss auf die Ergebnisse hatten und deshalb nicht unerwähnt bleiben sollen. So wurde während der Voruntersuchungen zu den Experimenten mit gekürzten Kapillaren (Abbildung 35) festgestellt, dass ein Abbrechen der Kapillare ohne anschließendes Abschleifen der Bruchkante zur Beeinflussung der Messergebnisse führt.

Der elektrische Widerstand in Abhängigkeit von der Anregungsspannung zeigt Abbildung 37 für eine ungeschliffene und eine geschliffene

Kapillare. Die Versuchsdurchführung zur Plasmastabilität wurde mit einer Kapillarenposition von z_{Kap}=-4 mm vorgenommen. Es wurde ein konstanter Gasfluss gewählt, der bei geschliffenem Kapillarenende zu einem Druck von p_{Probe}=0,75 mbar führt. Wie aus Abbildung 33 bekannt, ist der Widerstandsgradient bei diesem Druck groß, so dass kleine Änderungen durch eventuelle Leckagen detektierbar sind.

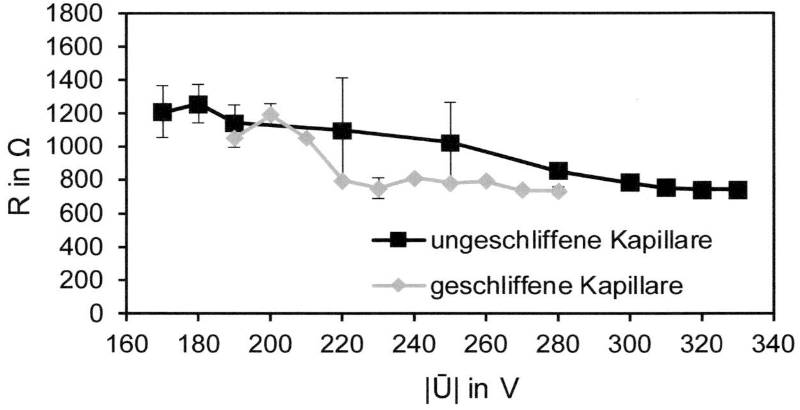

Abbildung 37: Abhängigkeit der Plasmastabilität von der Leckage am Kapillarenhalter

Die graue Kurve in Abbildung 37 entspricht der Kurve für p_{Probe}=0,75 mbar aus Abbildung 33, mit einer leicht geringeren Leitfähigkeit im Hohlkathodenmodus. Der Übergang von der anormalen Glimmentladung erfolgt bei einer Spannung von ca. |Ū|=200-220 V. Dagegen erscheint der Übergangsbereich der schwarzen Kurve mit |Ū|=190-300 V deutlich breiter. Im Kontext mit den Ergebnissen aus Abbildung 33 lässt sich konstatieren, dass durch das ungeschliffene

Kapillarenende in der Kapillarenhalterung eine undefinierte Gasleckage entsteht.

4.3.3.5 Einfluss der Temperatur

Ein weiterer zunächst vermuteter Effekt ist die Verstärkung der Sekundärelektronenemission auf Grund einer Kathodenerhitzung über den Verlauf der programmierten Versuchsdurchführung. Um diesen Zusammenhang experimentell zu beweisen, wurde der Versuchsablauf dahingehend verändert, dass die Spannungswerte von Spannungsrechteck zu Spannungsrechteck alternierend zwischen $|\bar{U}|$=200 V und $|\bar{U}|$=210 V verändert wurden und somit an der Grenze von der anormalen Glimmentladung zur Hohlkathodenentladung lagen. Die sonstigen Versuchsparameter entsprechen denen aus Tabelle 9 bei einem Druck von p_{Probe}=0,75 mbar. Die gemessene Stromstärke wurde über die variierenden Spannungen in Abbildung 38 dargestellt. Die tendenziell ansteigende Stromstärkekurve weist darauf hin, dass sich die Einzelexperimente untereinander beeinflussen. Dies bedeutet auch eine Beeinflussung der Messergebnisse, so dass die U-I-Charakteristik (Abbildung 32) weniger steil erscheint und die Kennlinien des elektrischen Widerstands einen geringfügig früheren Übergang zur Hohlkathodenentladung aufweisen. Als Erklärungsansatz wird die Aufheizung des Kathodenmaterials diskutiert. Die zweiminütige Wartephase zwischen den Spannungsrechtecken reicht nicht aus, um das Kathodenmaterial vollständig abzukühlen.

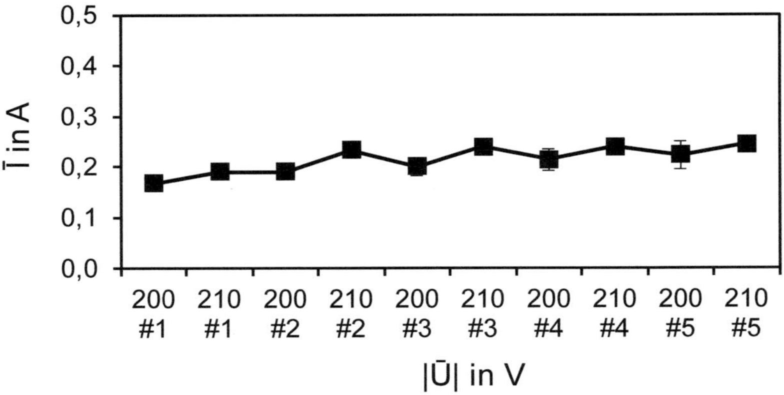

Abbildung 38: Anstieg der elektrischen Stromstärke infolge der Aufheizung des Kathodenmaterials

Die Wärmeleitung ist auf Grund des stromisolierenden Halteraufbaus stark gehemmt. Einzig die Wärmestrahlung der Außenfläche und ein geringer Anteil an Konvektion durch den fortwährenden Argongasfluss können zur Kühlung der Probe im Vakuum beitragen.

Der Anstieg der Stromstärke kann nicht durch eine Änderung der Sekundärelektronenemission erklärt werden, da dieser für reine Metalle temperaturunabhängig ist */Bru 54, S. 45/*. Darüber hinaus ist der Einfluss auf die Sekundärelektronenemission durch hochenergetische Atome und Ionen */Phe 99, S. 23/* oder durch thermische Ionisation */Bru 54, S. 67/*[1] bei der in dieser Arbeit verwendeten Technik ($|U_{Max}|$<500 V, $T_{Kathode}$<500 °C) vernachlässigbar gering.

[1] Am Beispiel von Kathoden aus Barium-Strontium-Oxidverbindungen nach Johnson

Eine temperaturbedingte Änderung der elektrischen Leitfähigkeit der Kathode würde den elektrischen Stromfluss verringern.

Sturges et al. beobachtete einen ähnlichen Effekt zwischen Kathodentemperatur und deren Einfluss auf die U-I-Charakteristik und erklären diesen mit der erhöhten Gasdichte infolge der höheren Temperatur */Stu 64, S. 2891/*. Bestätigt wird diese Annahme durch einen Vergleich mit dem oberen Diagramm in Abbildung 33. Der Zusammenhang zwischen Druck und elektrischem Widerstand zeigt für den hier verwendeten Druck von p_{Probe}=0,75 mbar eine relativ hohe Abhängigkeit, so dass ein höherer Druck die gemessene Stromstärke erhöht.

4.3.3.6 Betrachtungen zur Gültigkeit der Experimente

Durch den experimentellen Nachweis der Überschallexpansion des Gases beim Austritt aus der Probengeometrie ist der Plasmazustand druckseitig vom Rest der Anlage entkoppelt. Durch Störgeometrien, an denen parasitäre Plasmen entstehen können, wird die Plasmastabilität negativ beeinflusst, da durch die Spannungsregelung des Netzteils die resultierende elektrische Stromstärke vom Gesamtsystem abhängt. Durch die spontane Zündung eines parasitären Plasmas steigt die Stromstärke des Gesamtsystems kurzzeitig stark an. Dieses Verhalten kann vom Netzteil als Lichtbogenzündung interpretiert werden und zum Arc-Handling führen, wobei für eine kurze Dauer die Spannung vom gesamten System genommen wird. Ist die Ladungsträgerdichte im Bulkplasma für eine Neuzündung nicht ausreichend hoch, wird das Plasma instabil.

Wie bereits bei den Untersuchungen zum Probeninnendruck (4.3.1) erwähnt, hängt der Gasdruck nicht ausschließlich von den technischen Parametern sondern auch von Störgrößen wie zum Beispiel Leckagen in der Gaszuleitung oder zwischen den Komponenten der Probe ab.

4.3.4 Verhalten der Entladung bei Elektrodenverkleinerung

Um das Verhalten des elektrischen Stromes beim Einfahren der Kapillare besser verstehen zu können, wurde ein Prozessablauf programmiert, der bei konstanten Werten für Gasfluss, elektrische Spannung und Einfahrgeschwindigkeit durchgeführt werden konnte. Die aufgezeichneten Stromstärkewerte wurden über die Verfahrstrecke aufgetragen. Aus den Druckmessungen war der Verlauf des Probeninnendruckes bei Einfahren der Kapillare bereits bekannt. Dem gegenüber wurde die sich verringernde Elektrodenfläche gestellt.

$$\bar{I}=f(\text{Kathodenfläche}*\text{Probeninnendruck}) \qquad (22)$$

Das Produkt aus beiden Einflussgrößen wurde mit der Stromstärkekurve verglichen, siehe Abbildung 39.

Der steile Stromstärkeanstieg (rote Kurve) zwischen Position z_{Kap}=-4 mm bis z_{Kap}=-1 mm wird von dem starken Druckanstieg und der damit steigenden Anzahl potentiell ionisierbarer Teilchen geprägt. Das Netzteil begrenzt die Stromstärke auf ca. I_{Max}=0,42 A. Mit einfahrender Kapillare sinkt der Einfluss des Druckes und der Einfluss der Elektrodenfläche steigt. Ab z_{Kap}=13 mm folgt der Stromstärkeverlauf dem des Produktes aus Elektrodenfläche und Probeninnendruck. Der

Stromstärkeverlauf beweist, dass die Entladung bei eingefahrener Kapillare nicht im gesamten Kathodenbereich erfolgt, sondern nur in dem Bereich, der nicht von der Kapillare abgeschirmt wird.

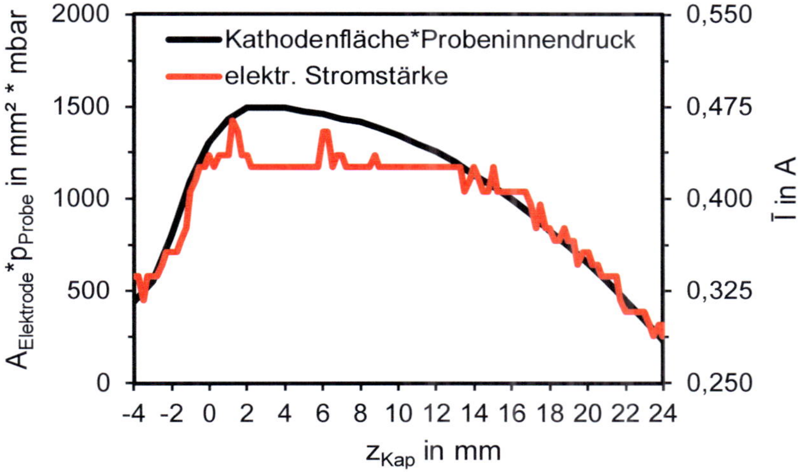

Abbildung 39: Zusammenhang zwischen elektrischer Stromstärke und dem Produkt aus Elektrodenfläche und Probeninnendruck während des Einfahrens der Kapillare in die Innengeometrie für $|\bar{U}|$=240 V

Gestützt wird diese Annahme durch Simulationsergebnisse von Hoffmann et al., die einen hohen Druck im Bereich zwischen Kapillare und Endstück, und einen deutlich geringeren Druck im Ausströmbereich um die Kapillare zeigen */Hof 11/*.

Der erhaltene Stromverlauf lässt vermuten, dass sich die Entladung ab einer Eindringtiefe von z_{Kap}=13 mm im Übergangsbereich von der

Stromstärkesättigung zur Hohlkathode befindet. Ein Vergleich mit Abbildung 34 bestätigt diese Annahme, da die verwendete Spannung von |Ū|=240 V in den Übergangsbereich fällt.

Um eine stabile Stromstärke während der Probenbewegung zu realisieren, könnte entweder ein höherer Gasdruck, oder Abbildung 34 folgend eine höhere Spannung gewählt werden. Daraufhin wurde die Anregungsspannung auf |Ū|=250 V erhöht und der Versuch wiederholt. Abbildung 40 zeigt das Ergebnis für Stromstärke und das Produkt aus Elektrodenfläche und Probeninnendruck.

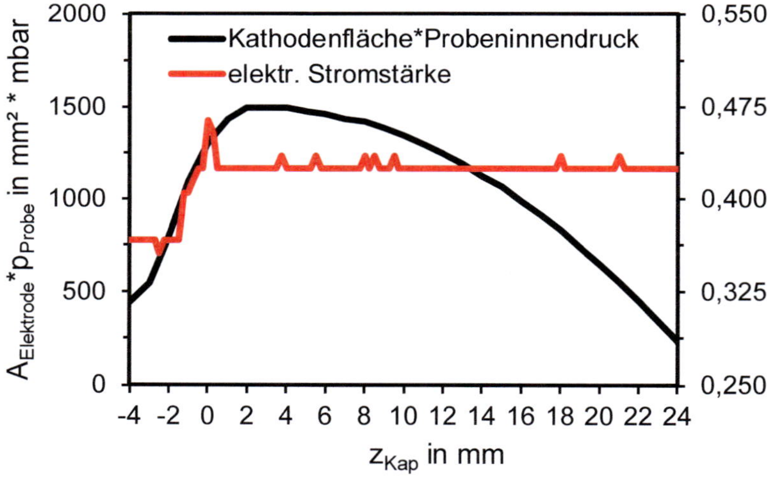

Abbildung 40: Zusammenhang zwischen elektrischer Stromstärke und dem Produkt aus Elektrodenfläche und Probeninnendruck während des Einfahrens der Kapillare in die Innengeometrie für |Ū|=250 V

Durch die um ΔŪ=10 V erhöhte Spannung ist die elektrische Stromstärke bei z_{Kap}=-4 mm erwartungsgemäß höher als beim vorherigen

Experiment. Erst ab der Kapillarenposition z_{Kap}=-2 mm steigt die Stromstärke infolge des Druckanstiegs. Die Sättigung der Stromstärke bei $\bar{I}$=0,42 A wird vom Netzteil erzeugt und wird bis zum Ende der Verfahrstrecke nicht mehr unterschritten. Die Entladung im Bereich zwischen Kapillarenspitze und Probenendstück befindet sich im stabilen Hohlkathodenmodus.

Die gezielte Beeinflussung der Prozessparameter mit dem Ziel eines konstanten Verlaufes des elektrischen Stromes während der Relativbewegung zwischen Kapillare und Probe erscheint aufgrund der komplexen Zusammenhänge zwischen den thermodynamischen und elektrischen Größen als sehr ambitioniert. Die Ausnutzung der Stromstärkesättigung scheint daher eine vorteilhafte Möglichkeit. Dabei sollte allerdings berücksichtigt werden, dass die Netzteilregelung bei einer zu hohen Stromstärke die Spannung herunter regelt. Hierdurch wird die Ionenenergie für ein gezieltes Argonbombardement verringert.

4.3.5 Einflussgrößen auf die Schichthaftung

4.3.5.1 Allgemeines

Die härteste, verschleiß- oder korrosionsresistenteste, sowie dekorativste Schicht kann nur dann ein gutes Anwendungsergebnis liefern, wenn sie unter realen Bedingungen dauerhaft am Substrat haftet. Dabei können thermische, chemische oder mechanische Einflüsse die Haftfestigkeit der Schicht entscheidend beeinflussen.

Die Haftfestigkeit ist keine direkt messbare physikalische Größe und ist abhängig von unterschiedlichen Einflussgrößen wie innere Spannungen, Kontaminationen und der chemischen Verbindung der DLC-Schicht */Kos 96, S.198f/*, */Mor 03, S. 545/*.

Der hier angewandte Beschichtungsprozess unterteilt sich in die Substratvorbereitung und das Schichtwachstum. Die zugehörigen Parameter und deren Einfluss auf die Haftung einer DLC-Innenbeschichtung soll in diesem Kapitel vorgestellt und diskutiert werden.

Die Vorbereitung des Substrates umfasst auch die Auswahl von beschichtbaren Geometrien und Werkstoffen. Im Falle der vorliegenden Grundlagenuntersuchung wurde ein ebener Stahl als Probenmaterial gewählt, welcher eine hohe Grundhärte und eine relativ hohe Anlasstemperatur besitzt. Nach der Wärmebehandlung wurde das Material, wie in Kapitel 4.2.2 beschrieben, geschliffen und poliert. Vor der Plasmabehandlung wurde die Oberfläche von möglichen Verunreinigungen wie Staubpartikel oder Ölen mit einem Tuch und Isopropylalkohol gesäubert. Das Evakuieren der Beschichtungsanlage auf Feinvakuumniveau bildet die Grundlage für einen Plasmaprozess mit geringer Konzentration an Kontaminationen aus der Gasphase.

4.3.5.2 Einfluss des Argonbombardements

Durch den Beschuss der Oberfläche mit Argonionen soll das Material von Metalloxidschichten befreit werden und gleichzeitig eine Mikrorauheit erzeugt werden. Argon besitzt hierfür aufgrund der chemischen Trägheit, der großen Atommasse, der leichten Ionisierbarkeit und der technischen Verfügbarkeit eine sehr gute Basis für diesen Prozess.

Hierbei sollte beachtet werden, dass die Argonatome nicht in den Grundwerkstoff implantiert werden, da sonst zusätzliche innere Spannungen entstehen können und die thermische Belastung steigt. Da Implantationen eine Energie von $E_{Kin} > 1$ keV (siehe Abbildung 3) benötigen, kann dieser Effekt allerdings ausgeschlossen werden.

Die Energie der Argonionen, sowie die Entladungsintensität (Kapitel 4.3.3) sind von der elektrische Spannung und dem Gasdruck abhängig. Im ersten Versuchsteil wurden daher diese beiden Größen nacheinander variiert und die Kapillare bei einer Position von z_{Kap}=-4 mm, d.h. außerhalb der Innenkontur, positioniert. Damit sind die Versuche vergleichbar mit den Plasmastabilitätsversuchen. Als Prozessschrittdauer wurden t=30 s gewählt. Die Versuche wurden für jeden Parametersatz dreimal durchgeführt. Mit diesem Vorgehen konnten Quereinflüsse durch Leckagen und parasitäre Plasmen eindeutig über die Analyse der Prozessstromstärke identifiziert werden. Die Konstanten und variierten Spannungswerte sind in Tabelle 11 zusammengefasst.

Tabelle 11: Parameter der Spannungsvariation für Versuche zum Ar-Bombardement

P	**z_{Kap}**	**$\lvert\bar{U}\rvert$**
in mbar	**in mm**	**in V**
1	4	220
1	4	240
1	4	260
1	4	280

Um den Einfluss der Parameter zu bewerten, wurden, wie in Kapitel 4.2.6 beschrieben, Haftfestigkeitsuntersuchungen mit dem Rockwell-C-Verfahren durchgeführt.

Entlang der Probengeometrie wurden vier Haftungsmessungen gemacht, so dass eine mögliche Inhomogenität des Einflusses eruiert werden kann.

Die gewählten Positionen für Haftungseindrücke definieren sich über den gleichen Koordinatenursprung wie das Kapillaren-Proben-Koordinatensystem und werden im Folgenden mit dem Index *HRC* gekennzeichnet.

Die Haftfestigkeitsmessungen wurden an den Positionen z_{Probe}=2 mm, 9 mm, 17 mm und 24 mm durchgeführt. Unter Angabe der Mikroskopbilder und der vergebenen Haftungsklassen lassen sich die Unterschiede erklären. Die Zusammenfassung der Ergebnisse ist in Tabelle 12 aufgelistet. Die Ergebnisse der Haftfestigkeitsmessungen in

Tabelle 12 zeigen eine Korrelation zwischen der angelegten Spannung während des Prozessschrittes des Ar-Beschusses und der erhaltenen Schichtadhäsion. Insbesondere für die Positionen z_{Probe}=2 mm und z_{Probe}=9 mm tritt der Effekt am stärksten auf, so dass eine signifikante Verbesserung der Schichthaftung erzielt werden kann. Die Messpositionen bei z_{Probe}=17 mm und bei z_{Probe}=24 mm zeigen zwar mit steigender elektrischer Spannung eine Verringerung der freigelegten Substratfläche, aber die Haftfestigkeitsklasse 6 wird nicht unterschritten.

Tabelle 12: Ergebnisse der Spannungsvariationen während des Prozessschrittes Ar-Bombardement

$\lvert\bar{U}\rvert$ in V	Bew.-Skala	Messposition: z_{Probe} in mm 2	9	17	24
220	Bild	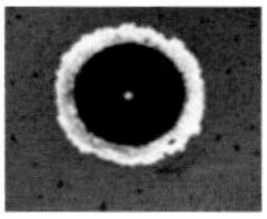	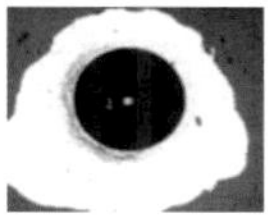	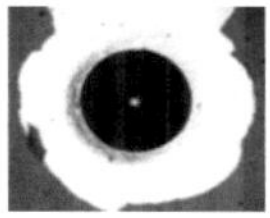	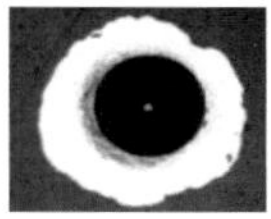
	HFK	6	6	6	6
240	Bild	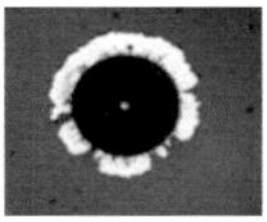	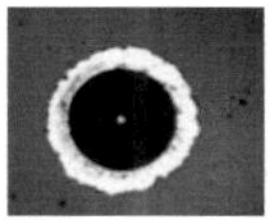	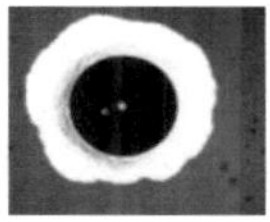	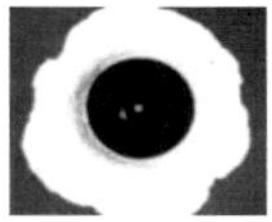
	HFK	5	6	6	6
260	Bild	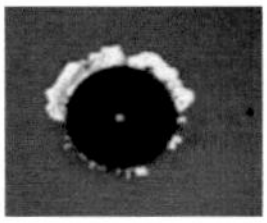	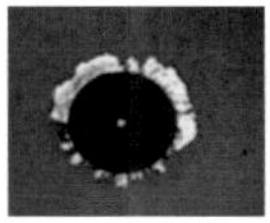	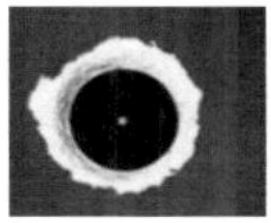	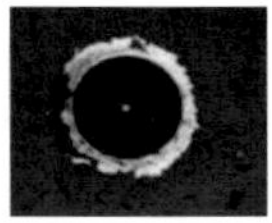
	HFK	5	5	6	6
280	Bild	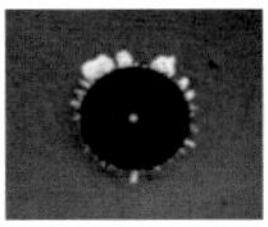	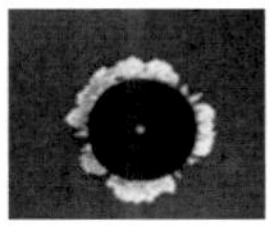	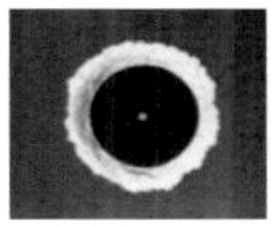	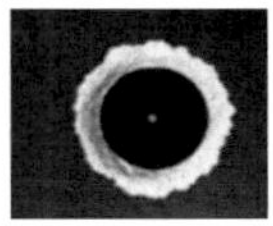
	HFK	4	5	6	6

Im Anschluss wurde der Probeninnendruck als Einflussparameter auf die Ionenenergie untersucht und in einem für die Hohlkathodenentladung großem Wertebereich variiert. Tabelle 13 listet die verwendeten Parameter auf.

Tabelle 13: Parameter der Druckvariation für Versuche zum Ar-Bombardement

P	**z_{Kap}**	**$\|\bar{U}\|$**
in mbar	**in mm**	**in V**
0,75	4	220
1	4	220
1,25	4	220
1,5	4	220

Als Spannung wurde ein im Vergleich zu den vorherigen Untersuchungen geringer Wert von $|\bar{U}|$=220 V gewählt, so dass für alle Druckvariationen eine stabile Hohlkathodenentladung vorliegt. Die Ergebnisse der Experimente zeigt Tabelle 14.

Unter der Annahme, dass eine höhere Ionenenergie während des Ionen-Beschusses eine verbesserte Schichtadhäsion zur Folge hat, wurde der Druck variiert. Darüber hinaus führt ein geringerer Druck zu einer höheren Ionenenergie. Die Bilder der Haftfestigkeitsmessungen aus Tabelle 14 zeigen allerdings ein gegenteiliges Ergebnis. So kann die Haftung der Schicht insbesondere im Bereich z_{Probe}=2 mm und z_{Probe}=9 mm eher mit einer Druckerhöhung verbessert werden. Die Probenbereiche z_{Probe}=17 mm und z_{Probe}=24 mm zeigen sich nicht beeinflusst von den Druckänderungen, so dass wie schon bei den Spannungsvariationen eine Positionsabhängigkeit des Effekts festgestellt werden kann. Eine gute Schichthaftung, d.h. HFK≤4 konnte im gesamten Wertebereich nicht erzielt werden. In der verwendeten Konfiguration der Hohlkathodenentladung kann davon ausgegangen werden, dass keine stoßbestimmte Plasmarandschicht vorliegt.

Tabelle 14: Ergebnisse der Druckvariationen während des Prozessschrittes zum Ar-Bombardement

p in mbar	Bew.-Skala	Messposition: z_{Probe} in mm			
		2	**9**	**17**	**24**
0,75	Bild	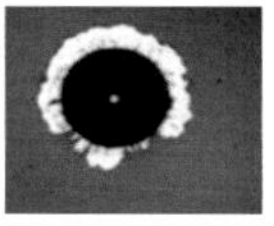	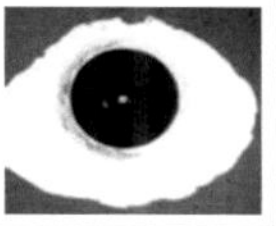	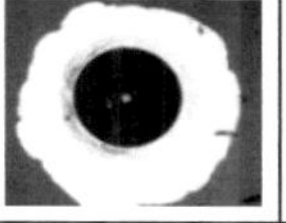	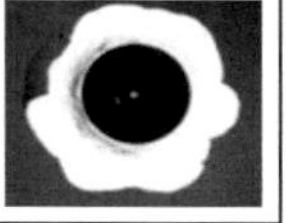
	HFK	5	6	6	6
1	Bild	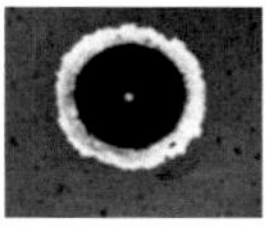	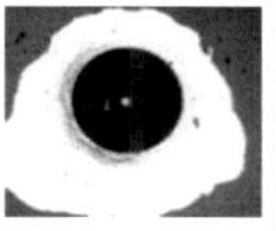	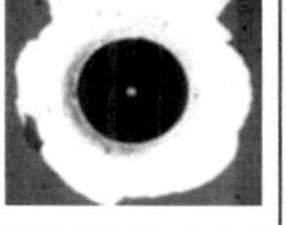	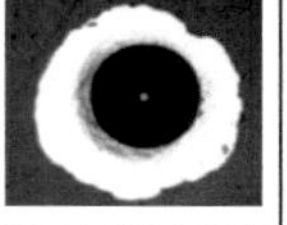
	HFK	6	6	6	6
1,25	Bild	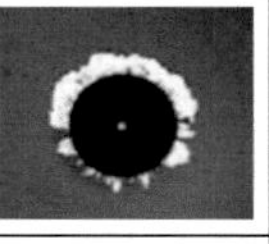	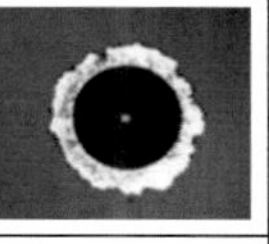	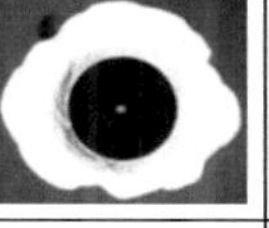	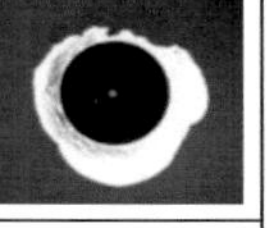
	HFK	5	6	6	6
1,5	Bild	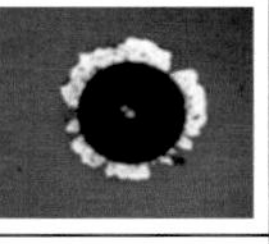	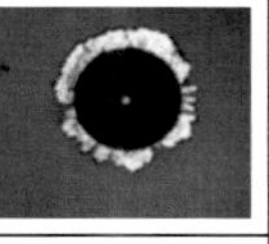	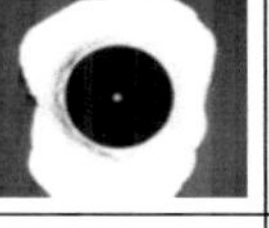	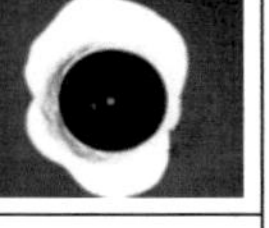
	HFK	5	5	6	6

Dies bedeutet eine Steigerung der Ionenenergie mit geringerem Druck und oder höherer Spannung. Für die Spannungsvariation bestätigt sich diese Annahme. Die Druckvariation zeigt allerdings ein gegenläufiges Ergebnis, denn das Haftungsergebnis verbessert sich geringfügig mit höherem Druck. Auf Grund der Ergebnisse aus den Druck- und

Spannungsvariationen lässt sich zusammenfassen, dass die Änderung der Schichthaftung nicht über die Energie der auftreffenden Ionen erklärt werden kann.

Um die Einflüsse der Anlagenparameter auf die Schichthaftung besser verstehen zu können, erfolgte eine Betrachtung der eingebrachten Energie während des Prozessschrittes Argonbombardement. Um diesen Einfluss diskutieren zu können, wurde die Haftfestigkeit und die Prozessschrittenergie über die Variationsbereiche der Größen in Abbildung 41 dargestellt.

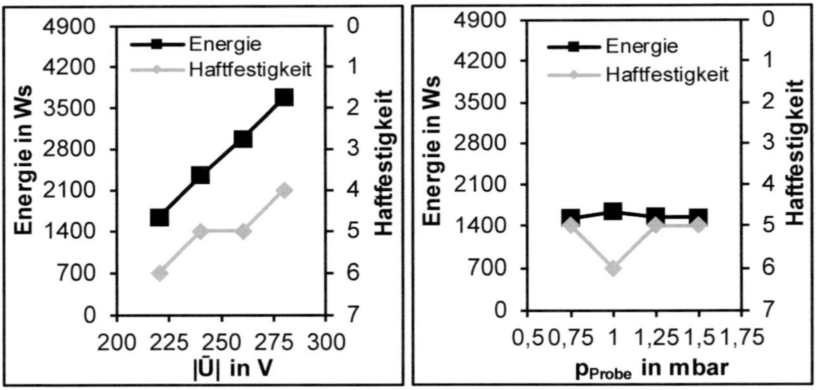

Abbildung 41: Abhängigkeit der Energie und des jeweiligen Haftfestigkeitsergebnisses (Messposition z_{Probe}=2 mm) während des Ar-Bombardements von der Anregungsspannung (links) sowie dem Probeninnendruck (rechts)

Für die Berechnung des Energiewertes wurde die mittlere Leistung über den Prozessschritt ermittelt und mit der Prozessschrittdauer (konstant für alle Variationsversuche) multipliziert. Wie bereits in Kapitel 4.3.3 beschrieben, ändert sich mit den beiden Größen Druck und

Spannung der Zustand der Hohlkathode. Das linke Diagramm in Abbildung 41 zeigt eine lineare Abhängigkeit der Energie mit der verwendeten Anregungsspannung während des Prozessschrittes Ar-Beschuss. Dem gegenüber steht die Entwicklung der Schichtadhäsion an der Messposition z_{Probe}=2 hin zu besseren Haftungswerten. Die geringe Abhängigkeit der Prozessschrittenergie und das niedrige Energieniveau korreliert mit der resultierenden Haftungsklasse an der Messposition bei z_{Probe}=2 mm, die sich ebenfalls kaum über den Probeninnendruckbereich ändert.

Dieser Zusammenhang zwischen Schichtadhäsion und der Ätzenergie wurde unter anderem für die Anwendung von Plasmaprozessen mit primärer Ionenquelle und negativer Substratvorspannung (Bias-Spannung) von Koski et al. */Kos 96, S. 198 /* und Morshed et al. */Mor 03, S. 543/* gefunden. Die zwei Autoren variierten im Gegensatz zu den hier präsentierten Ergebnissen die Behandlungsdauer über eine konstante Leistung.

Darüber hinaus ist aus den Untersuchungen zur Strom -Spannungs-Charakteristik (Kapitel 4.3.3, Abbildung 32) bekannt, dass mit einer Erhöhung der Anregungsspannung die gemessene Stromstärke der Hohlkathodenentladung ansteigt. Der positive Einfluss einer erhöhten elektrischen Stromstärke auf die Schichthaftung wurde von von Stockhausen beschrieben */Sto 02, S. 94/.*

Da sowohl sehr schlechte Haftungsergebnisse als auch mittlere Haftfestigkeitsklassen auftreten, zeigt sich die Selektivität des verwendeten Rockwell-C-Verfahrens und rechtfertigt dessen Einsatz für diese

Untersuchungen. Die Ergebnisse weisen auf die Verbesserungspotentiale der Schichtadhäsion bezüglich Haftungsfestigkeit und Homogenität hin.

Die bisherigen Untersuchungen zur Schichthaftung zeigen eine gute Beeinflussbarkeit der Schichtadhäsion für die Probenpositionen z_{Probe}=2 mm und z_{Probe}=9 mm. Um die Schichthaftung bei den Prüfpositionen z_{Probe}=17 mm und z_{Probe}=24 mm zu verbessern wurde ein zusätzlicher Prozessschritt mit einfahrender Kapillare hinzugefügt und der Einfluss der Anregungsspannung auf die Schichtadhäsion untersucht. Die Erkenntnisse aus Kapitel 4.3.4 wurden verwendet, um die Hohlkathodenentladung hinsichtlich der Plasmastabilität und der Stromstärke zu beeinflussen.

Die konstante Anregungsspannung während des Einfahrschrittes wurde im ersten Versuch auf $|\bar{U}|$=240 V eingestellt und im zweiten Versuch auf $|\bar{U}|$=255 V erhöht. Die Parameter für das Ar-Bombardement vor dem Einfahren der Kapillare waren für beide Versuche identisch.

Tabelle 15 listet die Ergebnisse der beiden Versuche auf. Die Haftung der Schicht ist im Fall der Anregungsspannung von $|\bar{U}|$=240 V für alle Prüfpositionen mit der Haftfestigkeitsklasse 6 zu bewerten.

Durch die Erhöhung der Spannung auf $|\bar{U}|$=255 V wird die Schichtadhäsion insbesondere für die Positionen z_{Probe}=17 mm und z_{Probe}=24 mm verbessert.

Tabelle 15: Ergebnisse der Spannungsvariation während des Prozessschrittes zum Ar-Bombardement bei einfahrender Kapillare

$\lvert\bar{U}\rvert$ in V	**Bew.-Skala**	**Messposition: z_{Probe} in mm**			
		2	**9**	**17**	**24**
240	Bild	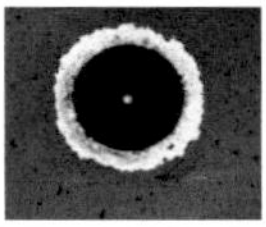	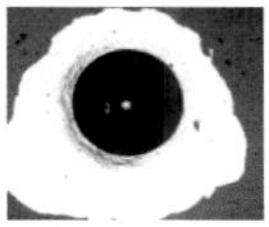	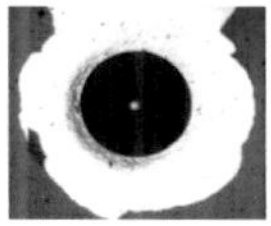	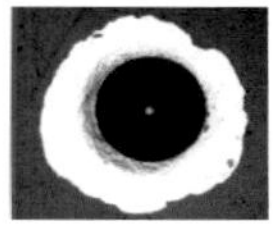
	HFK	6	6	6	6
255	Bild	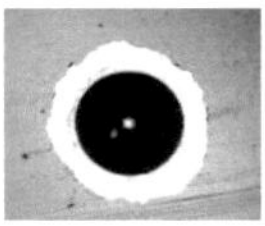	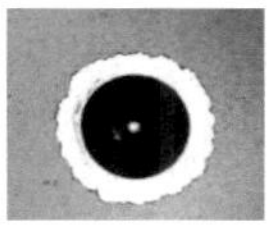	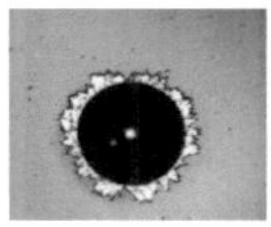	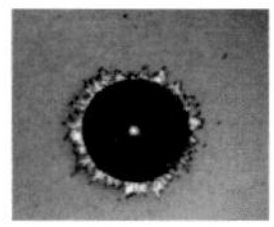
	HFK	6	6	4	3

Aus der Diskussion zu Abbildung 41 ist bereits bekannt, dass die Spannungserhöhung in Kombination mit einer Steigerung der Systemenergie zu einer Verbesserung der Haftung führt. Während des Einfahrens der Kapillare kommt hinzu, dass sich die Elektrodenfläche verringert und sich die aktive Plasmasäule verkürzt.

4.3.5.3 Einfluss der Leistungsflächendichte und Re-deposition

Im Folgenden werden die energetischen Bedingungen während des Einfahrprozesses anhand der flächenbezogenen Leistungsdichte verdeutlicht (Abbildung 42). Dieser Effekt wirkt sich hauptsächlich auf die Probenbereiche aus, die der aktiven Plasmasäule ausgesetzt sind und resultiert in der signifikanten Verbesserung der Schichthaftung im Innenbereich der Probe.

Darüber hinaus unterscheiden sich beide Proben im optischen Erscheinungsbild der DLC-Schicht. Die Probe, die mit geringer Leistungsdichte hergestellt wurde, weist eine glatte schwarze DLC-Schicht auf. Die andere Probe besitzt insbesondere im Bereich der Probenposition z_{Probe}>10 mm eine blass gräuliche Schichtfarbe.

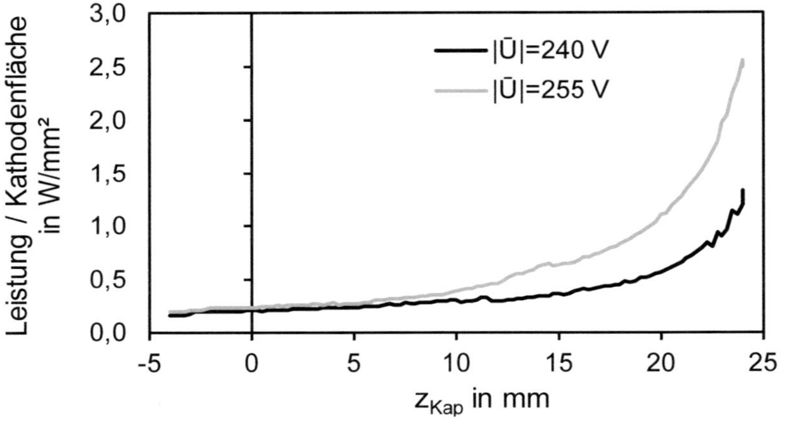

Abbildung 42: Vergleich der Leistungsflächendichte während des Einfahrens der Kapillare für |Ū|=240 V und |Ū|=255 V

Den Unterschied zeigt der mikroskopische Vergleich in Abbildung 43 für eine Probenposition von z_{Probe}=20 mm. Die mikroskopischen Aufnahmen offenbaren eine unterschiedliche Oberflächenstruktur. In Abbildung 43 (a) sind eine glatte Oberflächenstruktur, punktförmige Defekte und bearbeitungstypische Schleifriefen erkennbar. Im Gegensatz dazu weist die Oberfläche der Probe, die mit einer hohen Leistungsdichte behandelt wurde (Abbildung 43 (b)), keine Schleifriefen auf.

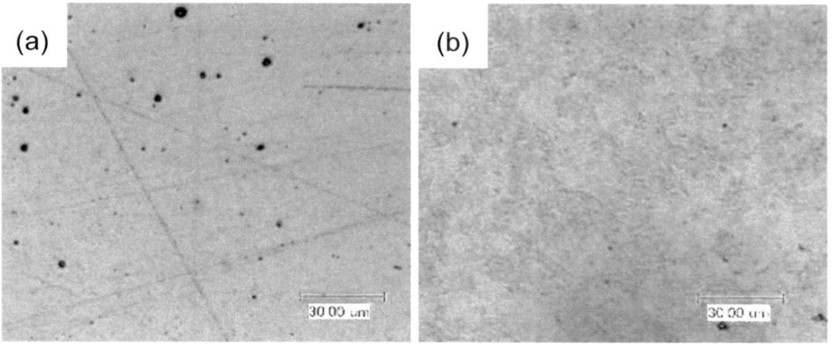

Abbildung 43: Mikroskopische Aufnahme der DLC-Schicht für eine geringe (a) und eine hohe (b) Leistungsdichte während des Einfahrens der Kapillare beim Ar-Bombardement

Da sowohl die Häufigkeit als auch die Tiefe der punktförmigen Defekte im Vergleich zu Abbildung 43 (a) geringer erscheint, kann von einem erhöhten Abtrag der Oberfläche in Folge des Ionenbombardements ausgegangen werden. Die dunkleren lateral ausgedehnten Bereiche in Abbildung 43 (b) erinnern an ein inselförmiges Wachstum einer Sputterschicht */Was 12, S. 298/*. Dies könnte auf ein Rücksputterverhalten (o.a. Re-deposition) der Kathode während des höher energetischen Ar-Bombardements zurückzuführen sein. Um diese Vermutung zu bestätigen, wurde ein Versuch durchgeführt, in dem eine Probe zunächst mit einer DLC-Schicht beschichtet wurde. Anschließend wurden die beschichteten Komponenten Röhrchen und Endstück gegen unbeschichtete Pendants ausgetauscht und das beschichtete Plättchen erneut verwendet. Somit wurden ca. 88% der Stahlkathodenfläche erneuert. Als anschließender Prozess wurde ein Ar-Bombardement ausgewählt, um eine mögliche rückgesputterte Schicht auf der mit DLC passivierten Probenplättchen nachzuweisen. Das Probenplättchen wurde sowohl nach dem DLC-Prozess, als auch nach dem Ar-Bombardement-Prozess fotografiert, siehe Abbildung 44.

(a)

(b)

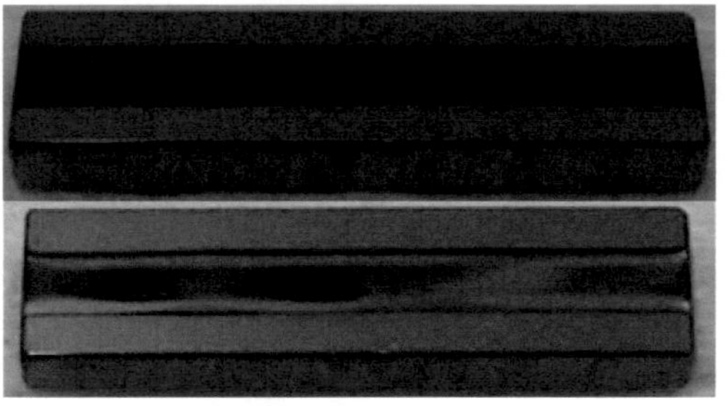

Abbildung 44: Fotografie des Probenplättchens aus dem Versuch zur Re-deposition nach dem DLC-Beschichtungsprozess (a) und nach dem anschließenden Ar-Bombardements (b)

Die Aufnahme in Abbildung 44 (a) zeigt eine geschlossene schwarze DLC-Schicht. Nach dem Ar-Bombardement (Abbildung 44 (b)) ist im Bereich der DLC-Beschichtung eine silbrig graue Verfärbung zu erkennen. Die Verteilung der gräulichen Verfärbung lässt darauf schließen, dass die Hauptwirkung des Ar-Bombardements bei Positionen von $z_{Probe}>12$ mm und im Randgebiet des ursprünglich beschichteten DLC-Streifens erfolgt. Die zwei dunklen Bereiche bei $z_{Probe}\approx4$ mm und $z_{Probe}\approx9$ mm weisen auf die Entstehung von Druckknoten im Ausströmungsbereich des Remoteplasmas bei eingefahrener Kapillare hin. In diesen Bereichen ist die Wirkung des Remoteplasmas auf Grund von ungünstigen Druckbedingungen gehemmt.

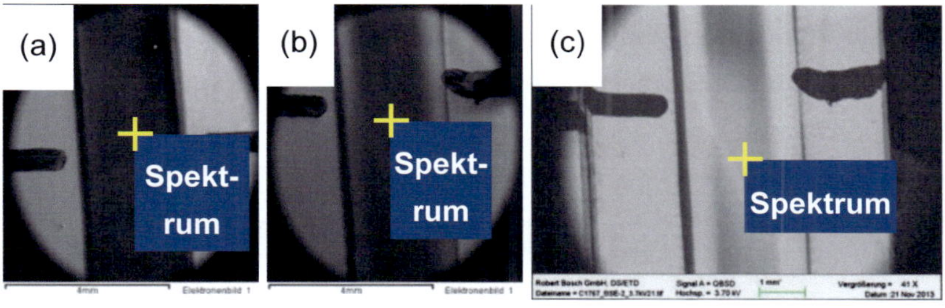

Abbildung 45: Sekundärelektronenmikroskopische Aufnahmen mit Kennzeichnung der Messposition für die EDX-Analyse an den Proben mit DLC-Beschichtung (a) und mit nachträglichem Ar-Bombardement (b). Beide Bilder wurden mit U_{REM}=8 kV aufgenommen. Die Aufnahme (c) im Rückstreuelektronenkontrast (U_{REM}=3,7 kV) zeigt die Elementübereinstimmung zwischen behandeltem Mittelteil und den unbehandelten Außenbereichen des Stahlsubstrates

Zur Klärung welchen Ursprungs die graue Verfärbung ist, wurde eine REM/EDX-Untersuchung durchgeführt. Hierfür wurden die Probe aus Abbildung 44 (b) und eine DLC-beschichteten Probe, als Äquivalent zu der Probe aus Abbildung 44 (a), ausgewählt. Die Übersicht der analysierten Proben mit der Markierung für die einzelnen Messpunkte der EDX-Analyse zeigen die REM-Aufnahmen (a) und (b) in Abbildung 45 im Sekundärelektronenkontrast. Die Abbildung 45 (c) stellt die Probe aus Abbildung 45 (b) im Rückstreuelektronenkontrast dar. An der beschichteten DLC-Referenzprobe (a) und an der mit Argon bombardierten DLC-Probe (b) wurde jeweils eine EDX-Analyse bei der in Abbildung 45 gekennzeichneten Stelle durchgeführt. Die Ergebnisse für die Elemente Kohlenstoff, Sauerstoff, Argon und Eisen sind in Tabelle 16 aufgelistet.

Tabelle 16: Ergebnis der EDX-Analyse für die DLC-beschichtete Probe und die DLC-beschichtete Probe mit anschließendem Ar-Bombardement

Probe	X_C	X_O	X_{Ar}	X_{Fe}
	in At.-%	**in At.-%**	**in At.-%**	**in At.-%**
DLC	98,2	0,9	0,9	0,0
C- & Ar-Bombardement	92,7	1,6	1,2	4,5

Bei der DLC-beschichteten Probe konnte kein Eisen nachgewiesen werden. Neben Kohlenstoff wurden Sauerstoff, aus möglichen Gasleckagen, und Argon ermittelt. Der Anteil an Argon weist darauf hin, dass während des Beschichtungsprozesses Teile des Arbeitsgases in die Schicht eingebaut werden. Die DLC-Probe, die nach dem Beschichtungsprozess dem Ar-Bombardement ausgesetzt wurde, zeigt neben den bereits erwähnten Elementen einen Eisenanteil von X_{Fe}=4,5 At.-% an der Oberfläche der DLC-Schicht. Der Zahlenwert erscheint auf Grund der optisch geschlossenen Schicht aus Abbildung 44 (b) gering, lässt sich allerdings auf die relativ hohe Beschleunigungsspannung des Elektronenstrahls von U_{REM}=8 kV und die vermutete geringe Schichtdicke von <100 nm des Eisenfilms zurückführen. Im Gegensatz dazu ist die zirka 4 µm dicke DLC-Schicht intransparent für den Elektronenstrahl mit gleicher Anregungsspannung, so dass alle detektierten Elemente der DLC-Schicht entstammen. Bei verringerter Anregungsspannung von U_{REM}=3,7 kV kann bei Auswertung der rückgestreuten Elektronen (Abbildung 45, (c)) die Materialübereinstimmung des behandelten Mittelteils und des unbehandelten Randbereichs des Stahlsubstrats ermittelt werden.

Aus der fotografischen Aufnahme aus Abbildung 44 (b) und REM/EDX-Untersuchungen lässt sich nicht mit Bestimmtheit ermitteln, ob sich eine Stahlschicht auf dem DLC-Substrat abgeschieden hat, oder ob es sich bei der gräulichen Verfärbung um das Stahlsubstrat handelt, welches durch das Ar-Bombardement freigelegt wurde. Ein taktiler Profilschrieb an der Position, an der auch die EDX-Analyse durchgeführt wurde, ist in Abbildung 46 dargestellt.

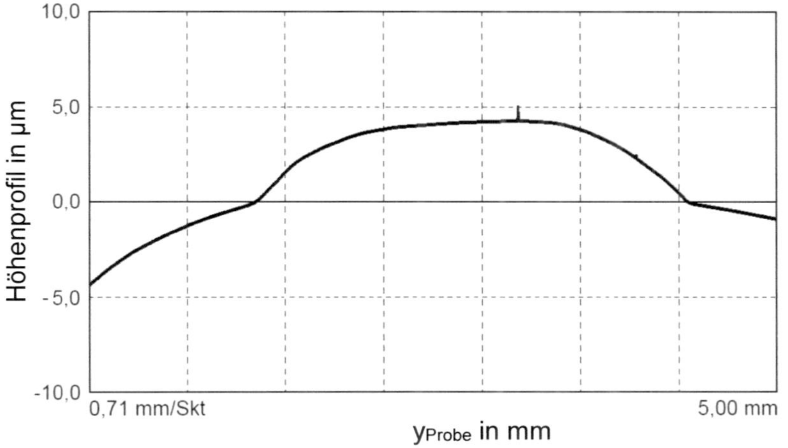

Abbildung 46: Höhenprofil der DLC-beschichteten und anschließend mit Argon bombardierten Probenoberfläche

Das Profil der DLC-Probe mit anschließendem Ar-Bombardement zeigt keinen Abtrag der DLC-Schicht, so dass von einer Beschichtung mit rückgesputterten Stahlteilchen auf dem DLC-Substrat ausgegangen werden kann. Der Abfall des Profils in der Nähe des Probenrandes zeigt eine Balligkeit der Probe auf Grund des Schleif- und Polierprozesses.

Anhand der durchgeführten Untersuchungen lässt sich die silbrige Verfärbung nach dem Ar-Bombardement eindeutig als Eisenschicht identifizieren. Während des aggressiven Beschusses der Stahlkathodenwand mit Argonionen können sich, analog zu PVD-Sputterprozessen, Teilchen der Kathode aus der Oberfläche lösen. Die Stahlteilchen dringen anschließend in den Gasraum ein und scheiden sich auf der gegenüberliegenden Kathodenwand ab. Dieser Effekt verstärkt sich signifikant durch eine Erhöhung der Spannung der Hohlkathodenentladung. Die verbesserten Haftungsergebnisse bei Auftreten der dünnen Eisenschicht lassen darauf schließen, dass diese als Haftvermittler fungiert. Aus der Literatur ist bekannt, dass metallische Stützschichten z. B. aus Chrom (*/Che 05, S. 297/*), Titan (*/Voe 97, S. 108/*) und Wolfram (*/Lee 00, S. 263/*) verwendet werden um die Haftung von DLC-Schichten positiv zu beeinflussen. Diese PVD-Schichten sollen als Gradientenschichten die inneren Spannungen zwischen Substratmaterial und DLC-Schicht abbauen. Dabei haben Mikrostruktur */Lee 00, S. 268/*, */Voe 97, S. 114/* und Dicke */Che 05, S. 299/* der PVD-Schicht einen Einfluss auf die Haftwirkung des Schichtsystems.

Aus dem untersuchten Hohlkathodenverhalten bei unterschiedlicher Anregungsspannung können zwei Hypothesen zur Erklärung der verbesserten Schichthaftung abgeleitet werden. Zum einen führt die erhöhte Spannung zu einem größeren Abtrag der Kathodenfläche, so dass mehr Metallpartikel in den Gasraum gesputtert werden und sich die Schichtwachstumsrate erhöht. Zum anderen unterstützt die signifikant erhöhte Leistungsflächendichte (Abbildung 42) eine Erhöhung der Ladungsträgerdichte was in Kombination mit der höheren Spannung zur Steigerung der Wirkung des Ar-Bombardements führt. Es treffen mehr Ar-Ionen mit erhöhter Energie auf die Kathodenfläche und bringen analog zum Bias-unterstützten Sputtering nach Messier et al. */Mes 84, S. 500ff/*, mehr Energie in die fortlaufend wachsende PVD-Schicht ein und verändern dadurch deren strukturelle Eigenschaften. Überlagern sich beide Prozesse, erhält man durch eine leichte Erhöhung der Anregungsspannung eine qualitativ verbesserte Sputterschicht.

4.3.6 Untersuchung der Einflussparameter auf das DLC-Wachstum in Hohlkathoden

4.3.6.1 Einflussgrößen der Kapillarenpositionierung auf das ortsabhängige Schichtwachstum

Aufbauend auf den Erkenntnissen zu stabilen Plasmabedingungen (Kapitel 4.3.3) werden im Verlauf dieses Kapitels die Einflüsse auf das Schichtwachstum innerhalb der Hohlkathode beschrieben. Dem stabilen Argonplasma wurde hierfür das kohlenstoffhaltige Reaktivgas Acetylen hinzugefügt. In Anlehnung an die Untersuchungen zum Verhalten der Entladung beim Einfahren der Kathode hinsichtlich Plasmastabilität wurde zunächst die Kapillarenposition variiert. Von einer Variation der Kapillarenposition während des Beschichtungsprozesses wurde auf Grund von zu erwartenden Plasmainstabilitäten infolge örtlich transienter Druckbedingungen verzichtet. Daher wurde die Kapillarenposition prozessübergreifend verändert. Darüber hinaus würde eine ortsbezogene Auswertung der Schichtdicken zur Bestimmung der Wachstumsraten obsolet. Die Ergebnisse aus den Versuchen mit den Kapillarenpositionen z_{Kap}=5 mm, z_{Kap}=10 mm und z_{Kap}=12 mm sind in Abbildung 47 dargestellt.

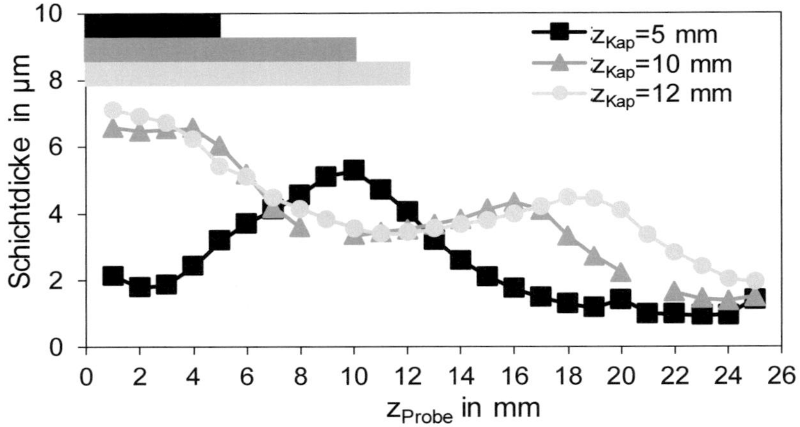

Abbildung 47: Abhängigkeit der Schichtdickenverteilung von der Kapillarenposition mit eingezeichneter Kapillarenposition in zugehöriger Graustufe

Das Diagramm zeigt den Schichtdickenverlauf über die z-Position, die sich auf die Messung der Schichtdicke an der jeweiligen mittigen Probenlängsposition bezieht. Die drei Proben wurden mit einer Behandlungsdauer von t_{Besch}=60 s und einem Reaktivgasfluss von Q_{C2H2}=3 sccm erzeugt.

Im Fall der Kapillarenposition z_{Kap}=5 mm konnte ein Schichtdickenmaximum bei einer Probenlängsposition von z_{Probe}=10 mm ermittelt werden. In der Nähe des Gasaustritts aus der Probeninnengeometrie (z_{Probe}<2 mm) existiert ebenfalls eine leicht erhöhte Schichtdicke. Im

Probenbereich z_{Probe}>11 mm konnte eine Abnahme der Schichtdicke gemessen werden.

Wird die Kapillare weiter in die Innengeometrie hineingefahren (z_{Kap}=10 mm und z_{Kap}=12 mm) kann eine annähernd lineare Verschiebung des Schichtdickenmaximums detektiert werden. Hinzu kommt eine signifikante Erhöhung der Schichtdicke im direkten Einflussbereich der Kapillare ($0<z_{Probe}<z_{Kap}$), d.h. im Bereich des Ringspaltes. Der Abfall der Schichtdicke zwischen Schichtdickenmaximum (im Bereich $z_{Kap}<z_{Probe}<z_{Probe,\ max}$) und Endstück ist vergleichbar mit dem, der im Fall von z_{Kap}=5 mm gemessen wurde.

Die Interpretation der erhaltenen Profile wird vereinfacht, wenn die Schichtdickenverteilung als eingefrorener Zustand des reaktiven Hohlkathodenplasmas in der Innenkontur angenommen wird. Hierzu werden die Erkenntnisse der Untersuchungen der Einflussparameter auf eine Hohlkathodenentladung in der Sacklochgeometrie herangezogen. Als Einflussparameter wurden die elektrische Spannung, die Kathodenfläche und der Probeninnendruck samt Druckverteilung identifiziert.

Da die elektrische Spannung während der beschriebenen Versuche konstant gehalten und die Kathodenfläche nur in einem geringen Bereich (vergleiche Abbildung 39) variiert wurde, bleibt der Probeninnendruck als Hauptparameter für die Diskussion.

Aus den Simulationsergebnissen von Hoffmann et al. zur Druckverteilung in der Innenkontur bei eingefahrener Kapillare können drei wesentliche Bereiche unterschieden werden */Hof 11/*. Der erste Bereich (i) befindet sich zwischen linkem Bauteilende und der Kapillarenspitze, was in dieser Betrachtung dem Bereich $0<z_{Probe}<z_{Kap}$ entspricht. Dieser Bereich wird geprägt von einem geringen Druck. Der zweite Bereich (ii) befindet sich direkt vor der Kapillarenspitze bis zu dem Punkt, an dem der maximale Druck erreicht wird. Er weist einen sehr großen Druckgradienten auf und kann hier mit dem Positionsbereich $z_{Kap}<z_{Probe}<z_{Probe,\ max.\ Schichtdicke}$ gleichgesetzt werden. Der dritte Druckbereich (iii) schließt direkt an den Druckbereich (ii) an und ist durch den maximalen Druck am Sacklochende definiert:

$$z_{Probe,\ max.\ Schichtdicke}<z_{Probe}<z_{Probe,\ max} \qquad (23)$$

Im Folgenden wird die Analogie zwischen Druckbereich und Schichtwachstumsbereich mit Hilfe von plasmatechnischen Zusammenhängen diskutiert. Zur besseren Verdeutlichung der einzelnen Druck-/Positionsbereiche dient ein Blick in Abbildung 48 auf Seite 128.

Positionsbereich (i): $0<z_{Probe}<z_{Kap}$;
geringer Druck

Die Vorgänge während der DLC-Schichtabscheidung sind in diesem Probenbereich vom geringen Gasdruck und der isolierenden Wirkung der Kapillare, welche ein aktives Hohlkathodenplasma verhindert, beeinflusst. Bei geringer Kapillarenposition z_{Kap}=5 mm kann daher eine niedrige Ladungsträgerdichte und eine daraus resultierende geringe Anzahl an elektrisch geladenen Ethinfragmenten angenommen werden. Dies führt zu einer geringen Schichtdicke in diesem Bereich.

Im Gegensatz dazu ergibt sich bei weit eingefahrener Kapillare (z_{Kap}=10 mm und z_{Kap}=12 mm) in diesem Bereich ein Schichtdickenmaximum, was eine erhöhte Ladungsträgerdichte, darunter auch C-haltige Spezies, vermuten lässt. Als Ursache hierfür dienen günstige Plasmabedingungen infolge von stationären Druckmaxima, die auf Grund der Überschallexpansion zwischen dem (in Gasflussrichtung) (ii)-tem und (i)-tem Bereich entstehen (siehe Abbildung 5). Im Beispiel handelt es sich um ein Druckmaximum erster Ordnung (vergleiche hierzu Abbildung 49, oder Abbildung 59 mit jeweils Q_{C2H2}=0,5 sccm). Die Präsenz der Schichtdickenmaxima in diesem Bereich beweist darüber hinaus, dass die Gasatmosphäre mit Q_{C2H2}=3 sccm beim Ausströmen aus der Probeninnengeometrie ausreichend reaktive Spezies beinhaltet.

Positionsbereich (ii): $z_{Kap}<z_{Probe}<z_{Probe,\ max.\ Schichtdicke}$;
hoher Druckgradient

Gasstatistisch betrachtet, finden die initialen Ladungsträger in diesem Druckbereich ($\Delta p=1\cdot 10^1$ mbar) eine große Streubreite der mittleren freien Weglänge vor, so dass die Wahrscheinlichkeit zum Zünden des Hohlkathodenplasmas in diesem Bereich am wahrscheinlichsten ist. Unabhängig von der Kapillarenposition kann in diesem Bereich ein Schichtdickenmaximum gemessen werden. Allerdings sind die gemessenen Schichtdickenmaxima und der Bereich des Druckgradienten der Simulation örtlich nicht kongruent.

Positionsbereich (iii): $z_{Probe,\ max.\ Schichtdicke}<z_{Probe}<z_{Probe,\ max}$;
hoher Druck

Für alle drei Kapillarenpositionen ist der Probeninnendruck in diesem Bereich zu hoch um eine stabile Hohlkathodenentladung auszubilden. Lediglich ein statistisch verteilter Rest des intensiven Hohlkathodenplasmas aus Bereich (ii) kann hier zur Schichtbildung beitragen.

Um die beschriebenen Vorgänge des Schichtwachstums innerhalb der Probengeometrie abzurunden, wird im Folgenden die Messung der ortsaufgelösten Schichthärte vorgestellt. Hierfür wurde die Probe, die mit einer Kapillarenposition von z_{Kap}=12 mm erzeugt wurde, an sieben Positionen vermessen und die Ergebnisse in Korrelation mit der Schichtdicke in Abbildung 48 dargestellt.

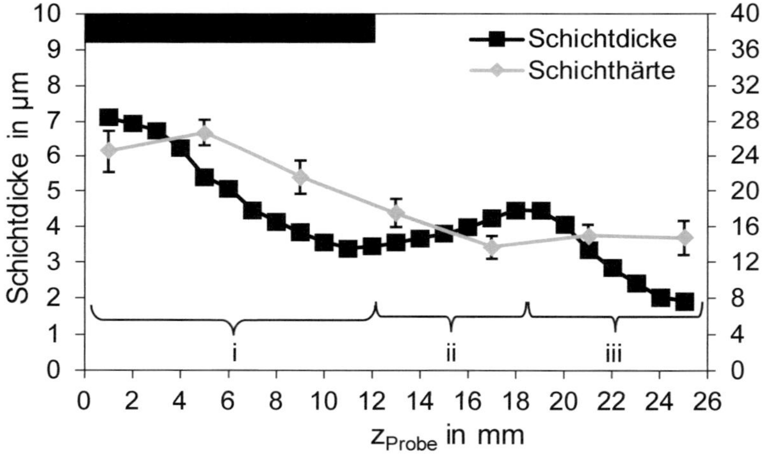

Abbildung 48: Abhängigkeit der ortsaufgelösten Eigenschaften Schichtdicke und Schichthärte für die Kapillarenposition z_{Kap}=12 mm, Q_{Ar}=100 sccm

In Positionsbereich (i) nimmt von der Kapillarenspitze ausgehend die Schichthärte in negativer z-Richtung zu. Die deponierte DLC-Schicht in diesem Bereich wird im Wesentlichen aus einem zurückströmenden Remoteplasma bei einem geringen Druck erzeugt und wird folglich mit einer hohen Ionenenergie abgeschieden, was in einer hohen Schichthärte resultiert. Darüber hinaus wird dieser Effekt von der Präsenz eines Druckmaximums am Übergang von der Probeninnengeometrie zum Vakuumrezipienten überlagert, so dass die Schichthärte an der Position z_{Probe}=1 mm geringer ausfällt. Im Positionsbereich (ii) fällt die Schichthärte bis zu deren Minimum bei z_{Probe}=17 mm. Die Ursache für das Minimum besteht in der Kombination aus hohem Gasdruck und der hohen Schichtwachstumsrate, resultierend aus der hohen Plasmadichte der Hohlkathodenentladung.

Daher ist zu erwarten, dass das tatsächliche Härteminimum näher an dem lokalen Schichtdickenmaximum bei z_{Probe}=19 mm liegt. Dieser Unterschied ergibt sich aus der geringeren Ortsauflösung für die Schichthärtemessung.

Eine geringe Härtezunahme zeigt sich im Positionsbereich (iii) auf Grund der verringerten Wachstumsrate bei - im Vergleich mit Bereich (ii) (z_{Probe}=18 mm) – bei gleich hohem Druck.

4.3.6.2 Voruntersuchungen und Definition eines Referenzprozesses

Um den Einfluss des Druckbereiches (iii) zu verringern und somit eine Homogenisierung des Schichtdickenprofiles herbeizuführen, wurde für die weiteren Untersuchungen die Kapillarenposition auf z_{Kap}=23 mm eingestellt. Auf dieser Einstellung basierend wird im zweiten Teil dieses Teilkapitels die Abhängigkeit der Wachstumsraten vom Reaktivgasfluss bei konstanter Beschichtungsdauer von t_{Besch}=30 s diskutiert. Hierfür wurden Schichten mit den Acetylengasflüssen Q_{C2H2}=0,5 sccm, Q_{C2H2}=1 sccm; Q_{C2H2}=3 sccm und Q_{C2H2}=6 sccm erzeugt. Der Arbeitsgasanteil wurde entsprechend angepasst, so dass der Gesamtgasfluss und somit der Gesamtdruck über die Versuche konstant gehalten wurde. Die Ergebnisse der Schichtdickenmessungen sind in Abbildung 49 dargestellt. Die Schichtdickenverteilungen über die Probenlängsprofile zeigen durch die Verwendung der Kapillarenposition z_{Kap}=23 mm den gewünschten Effekt eines homogenisierten Schichtdickenprofils.

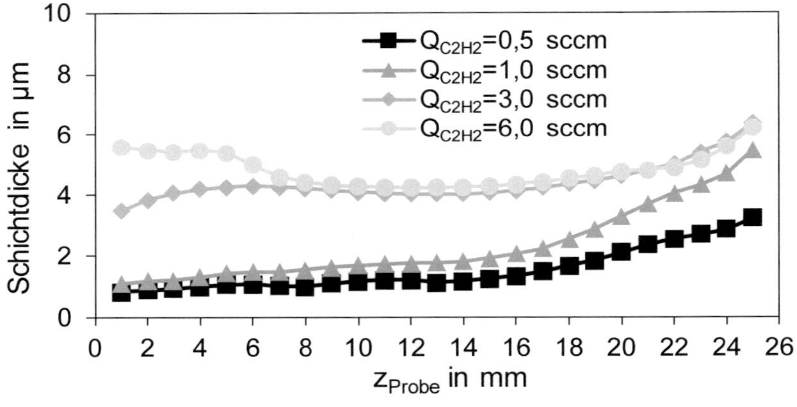

Abbildung 49: Abhängigkeit der Schichtdickenverteilung vom Reaktivgasfluss

Alle vier Proben besitzen bei der maximalen Probenposition z_{Probe}=25 mm ihr Schichtdickenmaximum, was ebenfalls auf die veränderte Kapillarenposition zurückzuführen ist. Im Fall der verwendeten Reaktivgasflüsse Q_{C2H2}=3 sccm und Q_{C2H2}=6 sccm, zeigen sich nahezu lineare Schichtdickenverläufe im mittleren Probenbereich (8 mm≤z_{Probe}≤21 mm). Darüber hinaus sind beide Schichtdickenverläufe im Bereich 8 mm≤z_{Probe}≤25 mm kongruent. Im Messbereich 1 mm≤z_{Probe}≤7 mm unterscheiden sich die Schichtdickenergebnisse.

Bei Nutzung des Gasflusses Q_{C2H2}=6 sccm ist die Gasatmosphäre im Ausströmbereich mit Acetylen übersättigt, so dass sich ein Schichtdickenmaximum bilden kann. Eine Acetylenreduzierung auf Q_{C2H2}=3 sccm führt im ausströmenden Gasgemisch zu einer Untersättigung an kohlenstoffhaltiger Spezies, infolge dessen sich geringere ortsabhängige Schichtwachstumsraten einstellen. Dieser Trend setzt sich für die Verringerung des Acetylenflusses bis auf Q_{C2H2}=0,5 sccm fort.

Die Abhängigkeit der DLC-Wachstumsrate vom Angebot an schichtbildenden Kohlenwasserstoffverbindungen wurde bereits mehrfach in Experimenten an ebenen Proben mit Außenbeschichtungen nachgewiesen. Am Beispiel eines Bias-unterstützten und hochfrequent angeregten CVD-Prozesses zeigen Cheng et al. die Zunahme der DLC-Wachstumsrate mit dem Acetylengehalt in reiner Acetylenatmosphäre */Che 00, S. 30/*. Unter Verwendung einer hochfrequent betriebenen Hohlkathodentechnik als Ionisationsquelle eines C_2H_2/Ar-Remote-Plasmas zeigen die Untersuchungen von Hellmich et al. */Hel 98, S. 1543/* für eine Einzelquelle und Fedosenko */Fed 02, S. 80/* für ein Quellenarray vergleichbare Zusammenhänge.

Im Fall der Proben, die mit einem Reaktivgasfluss von Q_{C2H2}=1 sccm und im Besonderen von Q_{C2H2}=0,5 sccm hergestellt wurden, sind lokale Wachstumsmaxima an den Positionen z_{Probe}=6 mm und z_{Probe}=11 mm messbar. Diese sind, wie bereits in der vorangegangen Diskussion zu Abbildung 47 erwähnt, auf stationäre Druckmaxima beim Ausströmen des Gasgemisches zurückzuführen. Bei optischer Betrachtung der beschichteten Probe sind diese Bereiche klar erkennbar.

In Vorbereitung auf die folgenden drei Teilkapitel (4.3.6.3, 4.3.6.4 und 4.3.6.5) wurden die einzelnen Versuche zunächst mit konstanter Beschichtungsdauer jeweils einmal durchgeführt. Für eine vergleichbare und aussagekräftige Bestimmung der Schichthärte (siehe 4.2.6 Abschnitt Schichthärte) wurden Schichten benötigt, die eine konstante Schichtdicke aufweisen. Daher wurde im Anschluss an die Experimente mit konstanter Beschichtungsdauer die Wachstumsrate für die jeweiligen Beschichtungsvariationen an einer ausgewählten Probenposition bestimmt und die benötigten Beschichtungsdauern für die dargestellten dreifach durchgeführten Hauptexperimente errechnet. Dieses Vorgehen setzt voraus, dass die Beschichtungsrate über den gesamten Schichtwachstumsprozess konstant ist.

Am Beispiel der Spannungsvariation soll das Vorgehen beschrieben werden und die Annahme einer zeitlich konstanten infinitesimalen Wachstumsrate diskutiert werden.

Die Schichten für die Spannungsvariationen wurden mit den Spannungen $|\bar{U}|$=240 V, $|\bar{U}|$=260 V, $|\bar{U}|$=280 V und $|\bar{U}|$=300 V durchgeführt. Die Prozessschrittdauer der DLC-Abscheidung wurde mit t_{Besch}=30 s konstant gehalten. Die Ergebnisse der ortsaufgelösten Schichtdicken der hergestellten a-C:H-Schichten sind in Abbildung 50 dargestellt.

Die Schichtdickenprofile zeigen durch die Erhöhung der Anregungsspannung eine Zunahme der Schichtdicke, was auf eine erhöhte Wachstumsrate schließen lässt. Für die Anpassung der Schichtdicke wurde die Probenposition z_{Probe}=9 mm ausgewählt, weil sie für alle Variationen inmitten eines homogenen Schichtdickenverlaufs liegt. Die Wachstumsraten an Position z_{Probe}=9 mm wurden errechnet und daraus die Beschichtungsdauern für die weiteren Versuche festgelegt.

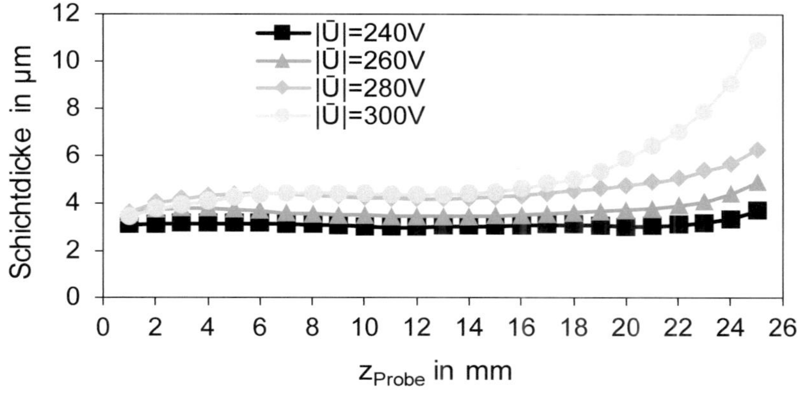

Abbildung 50: Schichtdickenprofile über die Längsverläufe der Proben für die Anregungsspannungen |Ū|=240 V, |Ū|=260 V, |Ū|=280 V und |Ū|=300 V mit konstanter Beschichtungsdauer von 30 s

Als Referenzschichtdicke galt hierbei die Probe, die mit |Ū|=280 V hergestellt wurde, da diese Spannung sowohl für die Gesamtdruckvariationen, als auch für die Gasverhältnisvariationen als Anregungsspannung genutzt wurde.

Eine konstante Beschichtungsrate in der verwendeten Kathodengeometrie setzt voraus, dass die Plasmadichte und somit die Plasmaanregung konstant ist. Da reine amorphe DLC-Schichten im Allgemeinen gute elektrische Isolatoren sind /Gri 99, S. 433/ und sich demzufolge mit fortschreitender Beschichtungsdauer eine elektrische Passivierung auf der Kathode aufbaut, wurde die Stromstärke bei geregelter Anregungsspannung während des Beschichtungsschrittes untersucht, siehe Abbildung 51. Die zeitlichen Stromstärkeverläufe zeigen unabhängig von der Anregungsspannung keinen Abfall des Stromstärkewertes über die Beschichtungsdauer.

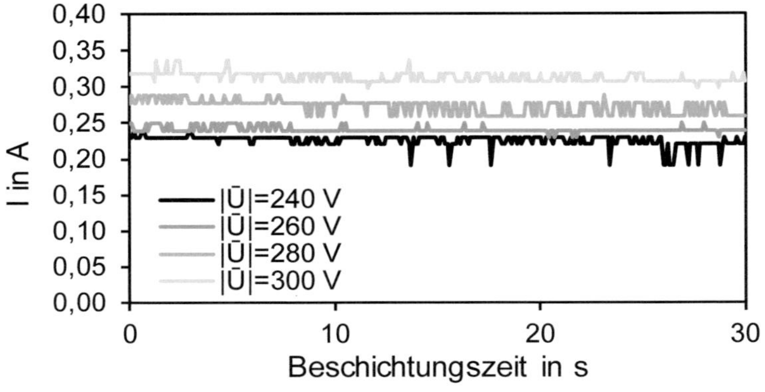

Abbildung 51: Zeitliche Stromstärkeverläufe für die konstant geregelten Spannungen |Ū|=240 V, |Ū|=260 V, |Ū|=280 V und |Ū|=300 V

Der direkte Vergleich zwischen den Spannungen |Ū|=240 V und |Ū|=300 V hätte durch die sehr stark unterschiedlichen Passivierungsschichtdicken den größten Unterschied vermuten lassen. Die verschiedenen Stromstärkeniveaus ergeben sich aus den unterschiedlichen Anregungsspannungen, und waren den Erkenntnissen aus Kapitel 4.3.3 folgend zu erwarten. Die für DLC-Schichtanwendungen sehr hohe Schichtdicke von ca. 10 µm im Fall von |Ū|=300 V im Probenbereich (23 mm≤z_{Probe}≤25 mm) mit direkter Hohlkathodenentladung repräsentiert den Grenzfall der Betrachtung.

Die Ursache für die nahezu konstante Beschichtungsstromstärke folgt zum einen aus der Verwendung der gepulsten Gleichspannung und zum anderen aus der thermisch bedingten Verstärkung der Sekundärelektronenemission der DLC-Schicht. Stacy et al. zeigen an DLC-Schichten den Einfluss des Sekundärelektronenemissionskoeffizienten von der Anregungstemperatur. So verstärkt sich der Sekundärelektronenemissionskoeffizient bei einer Temperaturerhöhung von T=25 °C auf T=200 °C nichtlinear um den Faktor 2 */Sta 09, S. 2/*. Temperaturmessungen während der hier vorgestellten Beschichtungsprozesse offenbaren Temperaturen, die in etwa T=200 °C entsprechen. Dies lässt auf eine Erhöhung des Einflusses der Sekundärelektronenemission schließen. Da die Sekundärelektronenemission in der Hohlkathodenentladung einen wesentlichen Anteil am Ionisierungsprozess hat, wirkt sich dieser Effekt positiv auf die Stabilität des Plasmas aus und führt zu einer erhöhten Prozessstabilisierung. Die Gültigkeit der Annahme einer konstanten Beschichtungsrate wird für eine Schichtdicke bis 10 µm erfüllt.

Als Zusammenfassung aus den Erkenntnissen wurde ein Referenzprozess definiert, der in den weiteren Untersuchungen (4.3.6.3, 4.3.6.4 und 4.3.6.5) parameterselektiv variiert wurde. Die Basisparameter der DLC-Abscheidung sind in Tabelle 17 aufgelistet.

Tabelle 17: Parameterübersicht des Referenzprozesses zur Analyse der DLC-Schicht-Variationen. Selektiv variierte Parameter sind mit * versehen

Parameter	Einheit	Wert (* wenn variiert)
z_{Kap}	in mm	23
Gas		Ar/C_2H_2
p_{Probe}	in mbar	5*
Q_{C2H2}	in sccm	3*
$\|\bar{U}\|$	in V	280*

Der elektrische Parameter Signalfrequenz wurden in Anlehnung an die Analyse des Netzteilverhaltens (Tabelle 7) gewählt. Mit einem Stern (*) sind diejenigen Parameter gekennzeichnet, die im Folgenden variiert wurden, um deren Einfluss auf die DLC-Schichten zu untersuchen. Alle weiteren Parametersätze wurden dreifach durchgeführt um die Streuung der Beschichtungsanlage und der Messgeräte zu verringern.

Von besonderer Bedeutung für die Vergleich- und Reproduzierbarkeit der Einzelversuche sowie der Plasmastabilität zeigte sich die Ausrichtung der Kapillare in x- und y-Richtung (Abbildung 11). Dies lässt auf einen starken Einfluss des Strömungsquerschnittes und der damit einhergehenden Druckverteilung im gesamten Probeninnenbereich schließen, insbesondere dann, wenn bei tief eingefahrener Kapillare stabile Druckmaxima den Innendruck prägen.

Daher wurde für alle grundlegenden Untersuchungen dieses und der folgenden Kapitel die Kapillarenposition in x- und y-Richtung konstant gehalten. Bei einem Kapillarenwechsel und dem Neuausrichten der Kapillaren-Proben-Position wurde das Schichtdickenprofil des Referenzprozesses als Einstellgröße gewählt und anhand dessen die Justage optimiert.

4.3.6.3 Variation des Gesamtdruckes

Die Ermittlung der Druckwerte erfolgte rechnerisch aus der Parametermatrix, die in Abbildung 25 graphisch ausgewertet wurde. Die angegebenen Druckwerte beziehen sich demnach auf statische Drücke am Probenende (z_{Probe}=26 mm) und können bei eingefahrener Kapillare nicht den Innendruck für jede Probenposition abbilden.

Darüber hinaus ändert sich der Gesamtdruck des Argon-zu-Acetylen-Gasgemisches nach Entstehung des Hohlkathodenplasmas */Sch 99, S. 3989/*.

Für die Untersuchung des Einflusses des Gesamtflusses wurde der Argongasfluss auf die entsprechenden Drücke p_{Probe}=5 mbar, p_{Probe}=10 mbar und p_{Probe}=15 mbar eingestellt. Die Ergebnisse der Schichtdickenmessungen sind in Abbildung 52dargestellt.

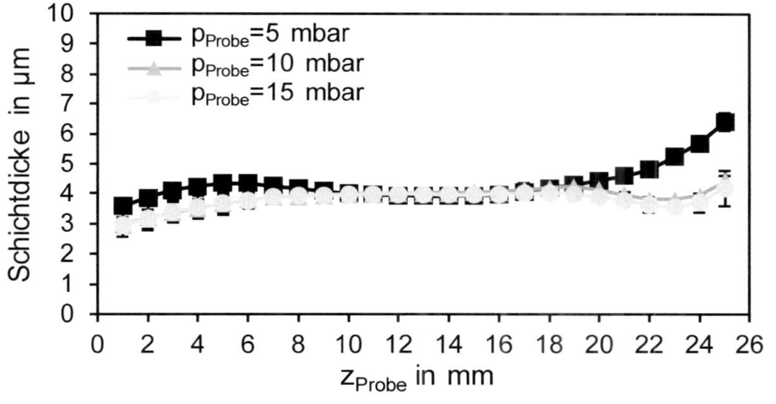

Abbildung 52: Schichtdickenprofile über die Längsverläufe der Proben für die Probeninnendrücke p_{Probe}=5 mbar, p_{Probe}=10 mbar und p_{Probe}=15 mbar

Im Vergleich mit dem Schichtdickenverlauf der Referenzprobe (Abbildung 52, schwarze Rechtecke) führt eine Erhöhung des Gesamtgasflusses bzw. -druckes zu einer Homogenisierung der Schichtdicke im Längsverlauf. Die Änderung erfolgt hauptsächlich im Bereich der aktiven Hohlkathodenentladung (z_{Probe}≈23 mm) und nahe des Gasauslasses (z_{Probe}<8 mm). Im Probenbereich 9 mm≤z_{Probe}≤19 mm sind die Schichtdicken für alle erzeugten Schichten homogen. Die Schichtdickenprofile für p_{Probe}=10 mbar und p_{Probe}=15 mbar unterscheiden sich nur geringfügig.

Eine Anpassung der Beschichtungsdauer in Vorbereitung der Experimente für die Position z_{Probe}=9 mm war für die drei Gesamtgasflüsse nicht notwendig, so dass die Parametersätze mit einer Beschichtungsdauer von t_{Besch}=30 s angewendet wurden.

Um den Einfluss des Gesamtgasdruckes auf die Ionenenergie zu untersuchen, wurden für die insgesamt neun Proben der Versuchsreihe Mikrohärtemessungen an den Positionen z_{Probe}=9 mm und z_{Probe}=24 mm durchgeführt (Abbildung 53).

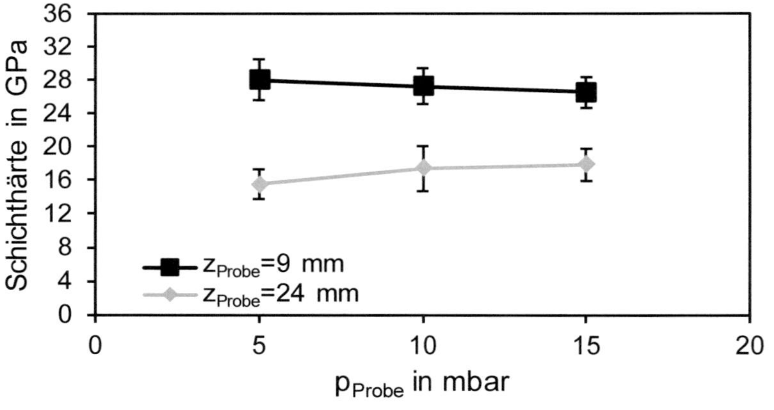

Abbildung 53: Abhängigkeit der Schichthärte vom Probeninnendruck gemessen an den Probenpositionen z_{Probe}=9 mm und z_{Probe}=24 mm bei z_{Kap}=24 mm

Der Zusammenhang zwischen Schichthärte und Probeninnendruck fällt für die vermessenen Probenpositionen unterschiedlich aus.

Während für die Probenposition z_{Probe}=9 mm die Schichthärte mit einer Druckerhöhung verringert wird, steigt die Schichthärte an der Position z_{Probe}=24 mm mit dem Gesamtdruck. Darüber hinaus kann an Position z_{Probe}=9 mm für das gesamte Variationsspektrum eine signifikant höhere Schichthärte als an Probenposition z_{Probe}=24 mm gemessen werden. Die gepoolten Standardabweichungen resultieren aus den Einzelmessungen und sind messsystemtypisch für die Evaluierung von DLC-Schichthärten. Dementsprechend können die tendenziellen Mikrohärteänderungen zwischen den einzelnen Messpunkten auch bei statistischer Nichtsignifikanz als Effekt gedeutet werden.

Die unterschiedlichen Härteniveaus und die gegenläufige Schichthärteentwicklung basieren auf unterschiedlichen physikalischen Zusammenhängen und müssen positionsabhängig diskutiert werden.

Im Fall der Probenposition z_{Probe}=9 mm handelt es sich um eine Schichtabscheidung aus einem Remoteplasma bei verhältnismäßig geringem Gasdruck, der deutlich unter dem des angegebenen Probeninnendruckes liegt. Dementsprechend können die schichtbildenden Ladungsträger eine hohe kinetische Energie aufnehmen. Dies führt zu einer hohen Härte.

Durch eine Erhöhung des Druckes an dieser Probenposition verringert sich die mittlere freie Weglänge der Ionen, die Stöße unter den Ladungsträger und mit den Neutralteilchen nehmen zu, so dass die statistische Gesamtenergie der auftreffenden Teilchen verringert wird. Folglich sinkt die Schichthärte mit einer Erhöhung des Gasdruckes.

Die Probenposition z_{Probe}=24 mm ist durch ein geringeres Schichthärteniveau als an Position z_{Probe}=9 mm geprägt. Dieser Unterschied erklärt sich aus den sehr verschiedenen Druckbedingungen. Die gemessenen Drücke von p_{Probe}>5 mbar lassen auf eine stoßbestimmte Plasmarandschicht schließen, was zu einer verringerten Ionenenergie und somit zu einer geringeren Schichthärte führt.

In SIMS-Messungen (SIMS...Sekundärionen-Massenspektrometrie) wurden die Elementverhältnisse Kohlenstoff zu Wasserstoff in der abgeschiedenen Referenzschicht für die Positionen z_{Probe}=9 mm und z_{Probe}=24 mm ermittelt, siehe Tabelle 18.

Tabelle 18: SIMS-Messung des Kohlenstoff- und Wasserstoffgehaltes der Probenpositionen z_{Probe}=9 mm und z_{Probe}=24 mm

z_{Probe} in mm	X_C in At.-%	X_H in At.-%
9	81	19
24	79	21

Der geringere Wasserstoffanteil an der Probenposition z_{Probe}=9 mm resultiert aus der höheren Energie der auftreffenden Ionen infolge des geringeren Probeninnendrucks. Die Änderung des Wasserstoffanteils von ΔX_H=2 At.-% ist laut Aussage des untersuchenden Institutes bereits ein signifikanter Unterschied */Keu 13/*.

Den Zusammenhang zwischen geringer werdendem Wasserstoffanteil und höherer Schichthärte bei verändertem Druck während der DLC-Abscheidung wurde von Peter et al. ebenfalls beobachtet, allerdings für einen größeren Variationsbereich des Wasserstoffes */Pet 10, S. 512/*. Mit einer direkten Beimischung von Wasserstoff in ein hochfrequent angeregtes Acetylenplasma wiesen Hsu et al. den

Einfluss eines geringen Wasserstoffanteils auf eine erhöhte Schichthärte nach */Hsu 09, S. 623/*.

Bei einer Erhöhung des Probeninnendruckes für den Fall z_{Probe}=24 mm nimmt gemäß den Erkenntnissen aus Kapitel 4.3.3 die Plasmadichte in der Hohlkathodenendladung zu. Da die Druckerhöhung durch eine Steigerung des Argongasflusses herbeigeführt wurde, nehmen mit höherem Druck die Stöße der Argonionen auf die DLC-Schicht zu. Der Energieeintrag in die Schicht erhöht sich, was, dem Subplantationsmodell für a-C:H-Schichten nach Robertson */Rob 02, S. 150/* folgend, zu einer verbesserten Desorption schwach gebundener oberflächennaher Spezies und zu einer Verdrängung des Wasserstoffes in der a-C:H-Schicht führt. Infolge dessen bilden sich in diesem Probenbereich Schichten mit verringertem Wasserstoffgehalt und stärkeren Bindungen. Cheng et al. /Che 00, S. 32/ bestätigen für eine DLC-Abscheidung mit Hilfe einer Hochfrequenzentladung und einem Argon-Acetylen-Gemisch den dominanter werdenden Sputter-Effekt der Argonionen bei einer Erhöhung des Gasverhältnisses.

Die Abnahme der Schichtdicke (siehe Abbildung 52) im direkten Einflussbereich der Hohlkathodenentladung bei 20 mm≤z_{Probe}≤23 mm unterstützt diese These.

Abschließend soll der Bezug zwischen der Plasmastabilität und den Schichtabscheidebedingungen über den Probeninnendruck hergestellt werden (Abbildung 54). Hierfür wurde die Zündspannung für drei verschiedene Probeninnendrücke bestimmt. Dabei wurde bei konstantem Gasfluss die Spannung in kleinen diskreten Schritten stückweise erhöht und diejenige Spannung ermittelt bei der der Übergang von der Glimmentladung zur Hohlkathodenentladung erfolgt. Neben der Stromstärke wurde auch die visuelle Intensitätssteigerung der Entladung als Kriterium hinzugezogen.

Anhand der drei Messpunkte wurde analog zum Paschen-Gesetz eine kontinuierliche schematische Abhängigkeit zwischen Zündspannung und Probeninnendruck errechnet. Der rechnerische Zusammenhang besitzt einen schematischen Charakter, um die Grenzen der stabilen Hohlkathodenentladung zu ermitteln.

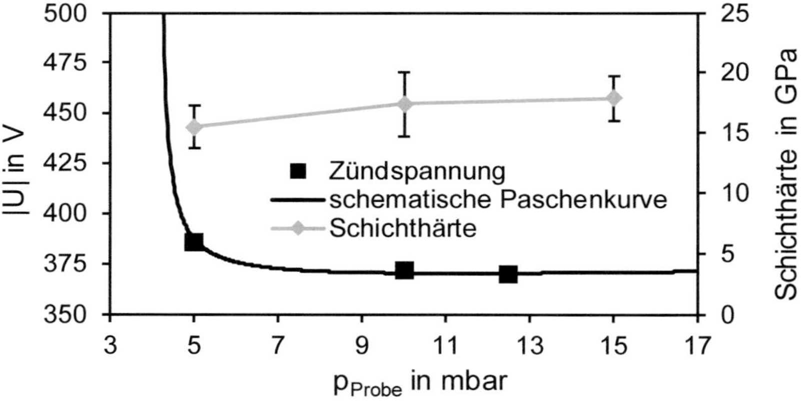

Abbildung 54: Schematischer Zusammenhang zwischen Anregungsspannung und Probeninnendruck. Erweitert mit Messpunkten der Schichthärte

Dem gegenüber steht die Schichthärte als Parameter der Schichtabscheidung. Das Wissen über die Rahmenbedingungen der Plasmagenerierung ist essentiell für das Parameterfeld der Schichtabscheidung und betont die Limitation der Prozessentwicklung.

Die Werte für Härte und Plasmastabilität wurden bei den gleichen Haupteinflussfaktoren Kapillarenposition und Probeninnendurchmesser durchgeführt. Die beiden Untersuchungsreihen unterscheiden sich in der Verwendung der Gaszusammensetzung (Zündspannung: Ar; Schichthärte: Ar + C_2H_2), so dass die Plasmachemie und die Eigenschaftsänderung der Kathodenoberfläche keine Berücksichtigung finden.

4.3.6.4 Variation der Anregungsspannung

Neben dem Probeninnendruck und dem Durchmesser der Innenbohrung spielt die angelegte elektrische Spannung eine wesentliche Rolle zur Erzeugung des Hohlkathodenplasmas. Darüber hinaus können, unter Voraussetzung eines stabilen Plasmas, die Eigenschaften einer DLC-Schicht eingestellt werden.

Bei den verwendeten Werten handelt es sich um mittlere Absolutwerte der elektrischen Spannung. Die Maximalwerte im Puls, das heißt die für die Ionen-Beschleunigung maßgebende Spannung kann deutlich von diesen Werten abweichen (Kapitel 4.3.2). Die Spannungen wurden analog den Erfahrungen der Plasmastabilitätsbetrachtungen (Kapitel 4.3.3) ausgehend von den Parametern des Referenzprozesses (Tabelle 17) variiert. Die mittleren Spannungen wurden in Schritten von $\Delta\bar{U}$=20 V verändert. Die Anpassung der Schichtdicke für eine vergleichbare Messung der Schichthärte wurde anhand von Schichtdickenmessungen an z_{Probe}=9 mm für initiale Beschichtungsversuche mit konstanter Beschichtungsdauer von t_{Besch}=30 s durchgeführt, siehe Tabelle 19.

Tabelle 19: Übersicht der Variationsparameter für die Einflussuntersuchung der elektrischen Spannung auf die Schichteigenschaften

|Ū|	**t_{Besch}**
in V	**in s**
240	58
260	44
280	30
300	29

Die mit diesen Parametern abgeschiedenen DLC-Schichten wurden hinsichtlich der Schichtdicken vermessen. Die Ergebnisse sind in Abbildung 55 dargestellt.

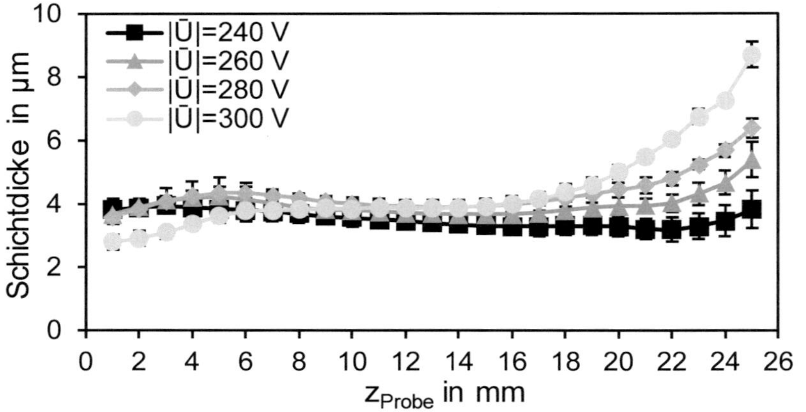

Abbildung 55: Schichtdickenprofile über die Längsverläufe der Proben für die Anregungsspannungen |Ū|=240 V, |Ū|=260 V, |Ū|=280 V und |Ū|=300 V mit jeweils angepasster Beschichtungsdauer

Das Diagramm zeigt den Schichtdickenverlauf über die z-Position, die sich auf die Messung der Schichtdicke an der jeweiligen mittigen Probenlängsposition bezieht. Die Anpassung der Schichtdicke, bezogen auf die Messposition z_{Probe}=9 mm, zeigt eine gute Übereinstimmung. Für alle elektrischen Spannungen wurden im Bereich des Remote-Plasmas (0 mm≤z_{Probe}≤23 mm) nahezu identische Schichtdickenprofile ermittelt. Eine Ausnahme stellen die Schichten dar, die ein sehr hohes Schichtwachstum im direkten Hohlkathodeneinflussbereich besitzen und dadurch eine Verknappung der reaktiven Spezies im Ausströmbereich des Remote-Plasmas auftreten.

Je geringer die verwendete elektrische Spannung, desto homogener erscheint das Schichtdickenprofil der Mittelachse. Mit steigender mittlerer elektrischer Spannung steigt die Schichtdicke im Einflussbereich der Hohlkathodenentladung. Die höchste Schichtdicke SD=9 µm wurde mit der Spannung $|\bar{U}|$=300 V an der äußersten Probenposition z_{Probe}=25 mm gemessen. Darüber hinaus scheint auch der Einflussbereich des Hohlkathodenplasmas zu steigen. So ist eine Zunahme der Schichtdicke mit einer mittleren Spannung von $|\bar{U}|$=260 V bei z_{Probe}=22 mm zu messen, wohingegen der Anstieg für $|\bar{U}|$=300 V bereits bei einer Probenposition von z_{Probe}=16 mm einsetzt. Dieser Effekt kann auf die Verdichtung des Hohlkathodenplasmas zurückgeführt werden, so dass auch das ausströmende Remote-Plasma noch ausreichend viel Energie besitzt, um im Einflussbereich der Kapillare ein erhöhtes Schichtwachstum zu erzeugen.

Der Einfluss der elektrischen Spannung auf die Wachstumsraten von DLC-Schichten wurde bereits von mehreren Forschergruppen untersucht. Maître et al. */Maî 05, S. 879/* und Cheng et al. */Che 00, S. 29/*

zeigen für eine hochfrequente Anregung eine gesteigerte Wachstumsrate von DLC-Schichten, wenn die negative elektrische Vorspannung (Self-Bias) auf dem zu beschichteten Substrat erhöht wird. Ebenso zeigen Buijnsters et al. eine Schichtdickenzunahme mit steigender Substratvorspannung für eine ECR-Mikrowellenplasmabeschichtung, welche im Gegensatz zur Mittelfrequenzanregung eine von der Plasmaerzeugung unabhängige Aussage über den Einfluss der Substratvorspannung zulässt */Bui 07, S. 1413/*. Ronkainen et al. weisen darauf hin, dass bei einer ebenfalls hochfrequent betriebenen kapazitiven Plasmaquelle der Partialdruck der reaktiven Spezies einen größeren Einfluss auf die Wachstumsrate besitzt als die negative elektrische Vorspannung (Self-Bias) */Ron 99, S. 155/*. Daher wird vermutet, dass der hier beobachtete Effekt auf eine mit der elektrischen Spannung initiierte Verdichtung des Hohlkathodenplasmas zurückzuführen ist. Hellmich et al. zeigen einen ähnlichen Zusammenhang der gesteigerten Wachstumsrate für außenbeschichtete DLC-Schichten aus einem HCD-Remoteplasma, wenn die Leistung der hochfrequent angeregten Hohlkathode erhöht wird */Hel 98, S. 1542/*. Jiang et al. verwendeten ein ähnliches System aus einer Hohlkathode als Ionenquelle für ein Remote-Plasma. Das Remote-Plasma wurde direkt auf eine mit einer elektrischen Vorspannung beaufschlagten Probe gerichtet, um dort eine DLC-Schicht abzuscheiden. Bei einer Erhöhung der elektrischen Vorspannung auf dem Substrat konnten die Forscher nach einer Zunahme eine Abnahme der Beschichtungsrate beobachtet werden */Jia 08, S. 1150/*.

Eine besondere Eigenschaft der verwendeten Plasmabeschichtungstechnik sind die sehr hohen Schichtwachstumsraten von R>100 µm/h.

Aus den Vorversuchen mit nichtangepassten Schichtdicken (t_{Besch}=30 s) sollen in der folgenden Abbildung 56 diese Wachstumsraten vorgestellt und anschließend bewertet werde.

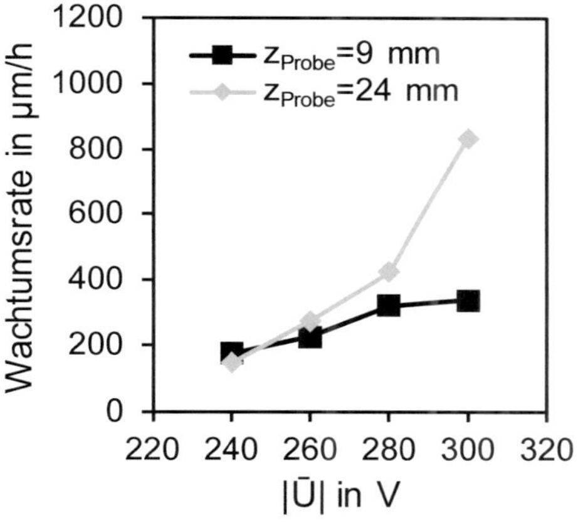

Abbildung 56: Berechnete Wachstumsraten aus den Vorversuchen mit konstanter Beschichtungsdauer in Abhängigkeit der verwendeten mittleren elektrischen Spannung

Die Wachstumsraten werden exemplarisch für die Probenpositionen z_{Probe}=9 mm und z_{Probe}=24 mm berechnet. Mit geringerer elektrischer Spannung ist eine Homogenisierung des Schichtdickenprofils abzulesen. Ein Vergleich mit Literaturwerten (Tabelle 1) zeigt die 10- bis 100-fache Wachstumsrate des verwendeten Beschichtungsverfahrens. Verantwortlich hierfür sind die deutlich höhere Plasmadichte im Vergleich zu klassischen Hochfrequenz- oder Gleichspannungsquellen, und die ständige Erneuerung der reaktiven Spezies.

Zur Ermittlung des Einflusses der elektrischen Spannung auf die Schichthärte wurden Messreihen an den Probenpositionen

z_{Probe}=9 mm und z_{Probe}=24 mm durchgeführt, deren Ergebnisse in Abbildung 57 dargestellt sind.

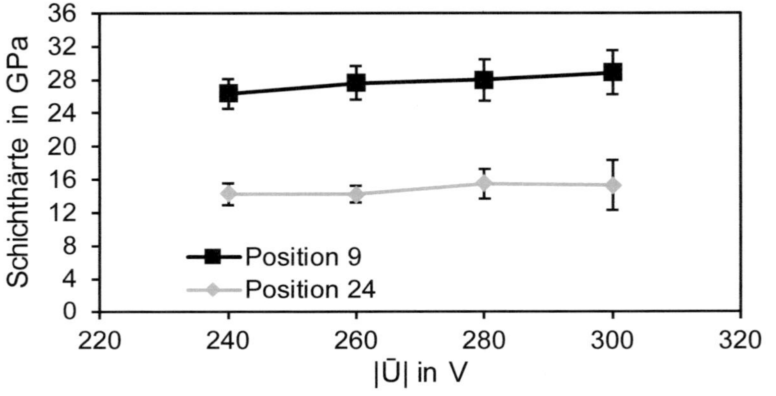

Abbildung 57: Abhängigkeit der Schichthärte von der Anregungsspannung gemessen an den Probenpositionen z_{Probe}=9 mm und z_{Probe}=24 mm

Die unterschiedlichen Härteniveaus für die beiden Probenpositionen ergeben sich aus den Eigenschaften der unterschiedlichen Plasmazustände am jeweiligen Ort. Für Position z_{Probe}=9 mm wirkt das Remote-Plasma, welches im Bereich der direkten Hohlkathodenentladung (Probenposition z_{Probe}=24 mm liegt in diesem Bereich) generiert wird und dort zusätzlich zur Schichtabscheidung beiträgt. Siehe hierzu die Diskussion zu Abbildung 53. Die gepoolten Standardabweichungen wurden aus den Einzelmessungen berechnet und sind für das Messsystem typisch. Daher können die relativen Mikrohärteänderungen zwischen den einzelnen Messpunkten auch bei statistischer Nichtsignifikanz als Reaktion auf die Variation der elektrischen Spannung interpretiert werden.

Sowohl im Bereich des Remote-Plasmas, als auch im direkten Einflussbereich der Hohlkathode führt eine Erhöhung der mittleren elektrischen Spannung zu einer Erhöhung der Schichthärte.

Zum besseren Verständnis der gefundenen Zusammenhänge soll im Folgenden der Einfluss des Anlagenparameters elektrische Spannung auf die schichtbildenden Vorgänge und Parameter als Fallunterscheidung für die jeweilige Probenposition diskutiert werden.

Die Bedingungen bei der Probenposition z_{Probe}=9 mm sind durch eine stoßfreie Plasmarandschicht geprägt, so dass die Ionen eine noch höhere Beschleunigungsenergie aufnehmen können. Dies spiegelt sich in einem höheren Schichthärteniveau wider. Dieser Effekt wurde von mehreren Forschergruppen unter Anwendung unterschiedliche CVD- oder PVD-Technologien für DLC-Schichten beobachtet bzw. diskutiert */Den 96, S. 481/* (Bias unterstütztes Magnetronsputtern mit Methan), */Fed 00, S. 539/* (Bias unterstützte HCD-Quelle mit Methan), */Lai 01, S. 1865/* (Bias unterstützte ECR-Mikrowellenanregung mit Acetylen), und */Til 11, S. 1708/* (Bias unterstütztes Magnetronsputtern von Kohlenstofftargets). Im Allgemeinen wird die Schichthärteerhöhung auf eine Erhöhung der Ionenenergie zurückgeführt, welche nach dem Subplantationsmodell nach Robertson zu einer Auffüllung von unter der Oberfläche befindlichen Zwischengitterplätzen, zu einer verbesserten Desorption schwach gebundener Teilchen und letztendlich zu einer Verdichtung der Schichtstruktur führt */Rob 02, S. 150/*.

Im Fall des direkten Einflusses der Hohlkathode (z_{Probe}=24 mm) handelt es sich auf Grund des hohen Probeninnendruckes um eine stoßbestimmte Plasmarandschicht. Durch eine Erhöhung der elektrischen Spannung können die Ladungsträger durch die Plasmarandschicht, trotz der relativ geringen mittleren freien Weglänge, größere Energien zwischen den Stößen mit Neutralteilchen aufnehmen. Dies gilt sowohl für die kohlenstoffhaltigen Ladungsträger als auch für Argonionen. In der Folge ändern sich die energetischen Vorgänge während des Schichtaufbaus. Um den Einfluss des Ionenbombardements auf den Schichtaufbau zu untersuchen, wurden SIMS-Messungen hinsichtlich des Kohlenstoff- und Wasserstoffgehaltes durchgeführt, Tabelle 20.

Tabelle 20: SIMS-Messung des Kohlenstoff- und Wasserstoffgehaltes an der Probenposition z_{Probe}=20 mm für unterschiedliche elektrische Spannungen

$\lvert\bar{U}\rvert$	**X_C**	**X_H**
in V	**in At.-%**	**in At.-%**
240	76	24
280	79	21

Auf Grund der Größe des Messfleckes wurde die Position z_{Probe}=20 mm gewählt. Die Position z_{Probe}=24 mm befindet sich zu nah am Probenrand.

Eine Erhöhung der mittleren elektrischen Spannung von $\lvert\bar{U}\rvert$=240 V auf $\lvert\bar{U}\rvert$=280 V führt zu einer Verringerung des Wasserstoffgehaltes von X_H=24 At.-% auf X_H=21 At.-%. Dieser Zusammenhang zwischen einer höheren negativen Vorspannung und einem geringeren Wasserstoffanteil wurde ebenfalls von Kayani et al. */Kay 09, S. 1336/* und Tillmann et al. */Til 11, S. 1707/* beobachtet.

Peter et al. */Pet 09, S. 512/* et al. konnten für ein breites Spektrum an DLC-Schichten den Zusammenhang zwischen einem steigenden Wasserstoffanteil und einer abfallenden Schichthärte beobachten. Kayani et al. vermuten als Grund hierfür eine mit der Erhöhung des Wasserstoffgehaltes gestiegene Passivierung von freien Bindungen, was die Hybridisierung der Kohlenstoffbindungen von sp^2 zu sp^3 verschiebt. Infolge dessen erhöht sich die Menge der C-H-Bindungen, was die intrinsischen Spannungen in der DLC-Schicht verringert und zu einer weicheren Schicht führt.

Weiterhin wird in der Literatur bei der Steigerung der Energie pro auftreffendem Kohlenstoffatom nach Überschreitung eines Maximums ein Abfall des sp^3-Bindungsanteils in der Schicht beobachtet. Der sp^3-Bindungsanteils ist ein Indikator für die mechanischen Eigenschaften wie Elastizitätsmodul, Schichthärte und die allgemeine diamantähnliche Eigenschaft, */Don 10, S. 15/*. Da keine Abnahme der Schichthärte im vorgestellten System zu beobachten gewesen ist, wird davon ausgegangen, dass theoretisch noch höhere Schichthärten möglich sind. Auf Grund des Übergangs der Hohlkathodenentladung zur Lichtbogenentladung bei noch höheren Anregungsenergien und der damit wahrscheinlichen Zerstörung der Schicht, wurde von einer weiteren Erhöhung der Schichthärte abgesehen.

4.3.6.5 Variation des Verhältnisses aus Reaktivgas und Arbeitsgas

Um ein tieferes Verständnis über den Einfluss des Reaktivgasverhältnisses auf das Schichtwachstum und die Schichthärte zu erhalten, wurde eine Versuchsreihe mit variierendem Argon-zu-Acetylen-Verhältnis durchgeführt. Die zugehörigen Parameter, ausgehend vom Referenzprozess (siehe Tabelle 17), sind in der nachfolgenden Tabelle 21 aufgeführt.

Während der Konzeptionierung der Prozessdetails wurde auf einen konstanten Probeninnendruck von p_{Probe}=5 mbar geachtet, um den Einfluss des Acetylengasflusses zu separieren. Daher wurde unter Berücksichtigung eines konstanten Gesamtgasflusses der Argongasfluss entsprechend dem Acetylengasfluss adaptiert.

Tabelle 21: Übersicht des variierten Acetylengasflusses (bei konstantem Gesamtgasfluss) und der angepassten Beschichtungsdauer

Q_{C2H2}	t_{Besch}
in sccm	**in s**
0,5	70
1	38
3	30
6	26

Darüber hinaus wurden im Vorfeld der Untersuchungen Beschichtungstests durchgeführt, um die Wachstumsraten bei konstanter Beschichtungsdauer zu ermitteln. Die Wachstumsraten an den Probenpositionen z_{Probe}=9 mm und z_{Probe}=24 mm in Abhängigkeit vom Acetylengasfluss sind in Abbildung 58 dargestellt.

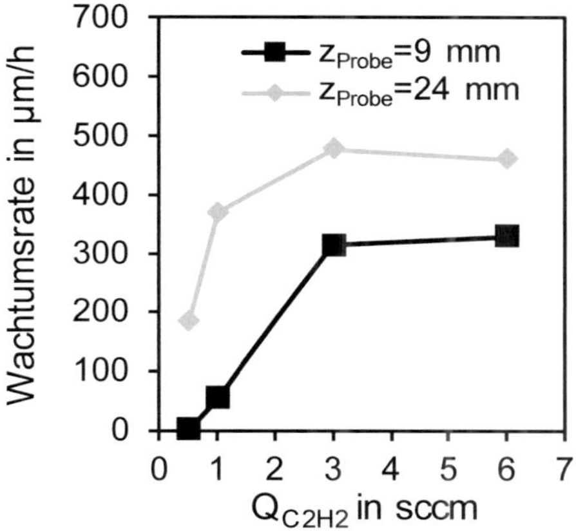

Abbildung 58: Abhängigkeit der Schichtwachstumsraten vom Acetylengasfluss bei konstantem Probeninnendruck von p_{Probe}=5 mbar, gemessen an den Probenpositionen z_{Probe}=9 mm und z_{Probe}=24 mm

Mit steigendem Anteil an Acetylen im Plasma nehmen für beide Messpositionen die Wachstumsraten bis zu einem Acetylengasfluss von Q_{C2H2}=3 sccm nahezu linear zu. Ab einem Acetylengasfluss von Q_{C2H2}=3 sccm wird eine Sättigung des Argon-zu-Acetylen-Gasgemisches erreicht, so dass die Wachstumsraten nicht weiter zunehmen. Im Vergleich mit den Ergebnissen von Mutsukura et al. */Mut 96, S. 920/*, die mit einer hochfrequent angeregten Entladung eines Methan-Argon-Gemisches eine kontinuierliche Steigerung der Wachstumsraten mit dem Methananteil beobachten konnten, scheint für die in dieser Arbeit verwendete Plasmaquelle die Sättigungsgrenze der Anregungsleistung erreicht zu sein.

Gestützt wird diese Annahme durch die Erkenntnisse aus den Untersuchungen des Einflusses der Anregungsspannung (Kapitel 4.3.6.4). Durch eine Erhöhung der Anregungsspannung und damit der Ionisierungsleistung der HCD-Plasmaquelle konnten die Wachstumsraten für beide Probenpositionen signifikant gesteigert werden.

Die Anpassung der Beschichtungsdauer erfolgte basierend auf der Schichtdicke des Referenzprozesses an der Probenposition z_{Probe}=9 mm. Die hergestellten Proben wurden bezüglich der Schichtdicken vermessen und die Ergebnisse in Abbildung 59 dargestellt.

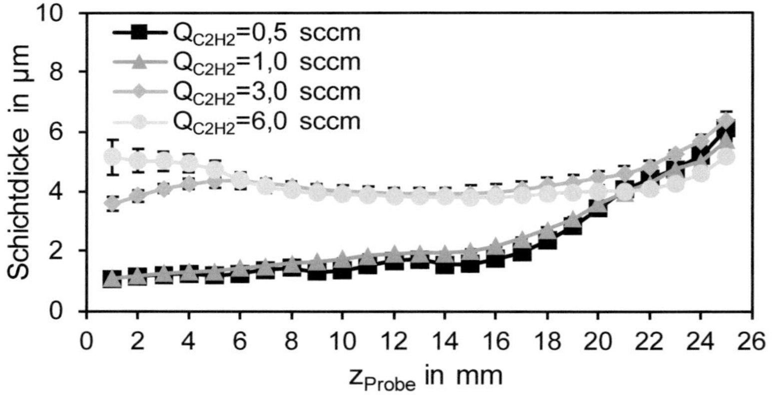

Abbildung 59: Schichtdickenprofile über die Längsverläufe der Proben für die Reaktivgasflüsse Q_{C2H2}=0,5 sccm, Q_{C2H2}=1 sccm, Q_{C2H2}=3 sccm und Q_{C2H2}=6 sccm mit jeweils angepasster Beschichtungsdauer

Die Abbildung 59 zeigt den jeweiligen Schichtdickenverlauf für die Variationsversuche über die Probenposition. Dabei bezieht sich die Messposition auf die mittlere Probenlängsachse.

Die Anpassung der Schichtdicke entsprechend dem Referenzprozess an Messposition z_{Probe}=9 mm, zeigt keine gute Übereinstimmung. Allerdings stimmen die Schichtdicken aller Proben zwischen den Probenpositionen 21 mm≤z_{Probe}≤25 mm sehr gut überein. Dies kann lediglich als Zufall gedeutet werden kann, stellt jedoch für die Schichthärteuntersuchungen in diesem Bereich einen positiven Effekt für die Vergleichbarkeit der Einzelmessreihen untereinander dar.

Die Schichtdickenprofile aus Abbildung 59 weisen mit abnehmendem Acetylengasfluss eine Verknappung an reaktiver Spezies im Remote-Plasma auf. Dieser Effekt zeigt sich im Vergleich zwischen den Acetylengasflüssen Q_{C2H2}=6 sccm und Q_{C2H2}=3 sccm im Probenbereich 1 mm≤z_{Probe}≤5 mm in einer verringerten Schichtdicke für Q_{C2H2}=3 sccm. Bei einer weiteren Absenkung des Acetylengasflusses auf Q_{C2H2}=1 sccm wird nahezu die gesamte Menge an schichtbildender Spezies im direkten Einflussbereich des Hohlkathodenplasmas abgeschieden, so dass das Remote-Plasma im Einflussbereich der isolierend wirkenden Kapillare kaum noch kohlenstoffhaltige Teilchen beinhaltet. Der minimale Acetylengasfluss von Q_{C2H2}=0,5 sccm verschiebt den Einfluss des HCD-Plasmas auf die Schichtabscheidung weiter in Richtung Sacklochspitze. Anhand des Schichtdickenprofils für Q_{C2H2}=0,5 sccm können die Schichtdickenmaxima an den Probenpositionen z_{Probe}=4 mm, z_{Probe}=8 mm und z_{Probe}=12 mm abgelesen werden, welche unter der Annahme eines eingefrorenen Plasmabildes als lokale Druckmaxima gedeutet werden können. Als Erklärung kann hierfür ein Vergleich mit dem Wellenmuster in Abbildung 5 dienen. Es zeigt ein Schattenbild mit regelmäßig wiederkehrenden Strömungseigenschaften.

Im nächsten Versuchsteil wurde der Einfluss des Acetylengasflusses auf die Schichthärte untersucht. Dafür wurden an den hergestellten Proben an den Probenpositionen z_{Probe}=9 mm und z_{Probe}=24 mm jeweils eine Messreihe zur Ermittlung der plastischen Universalhärte durchgeführt und die Ergebnisse in Abbildung 60 gegenübergestellt.

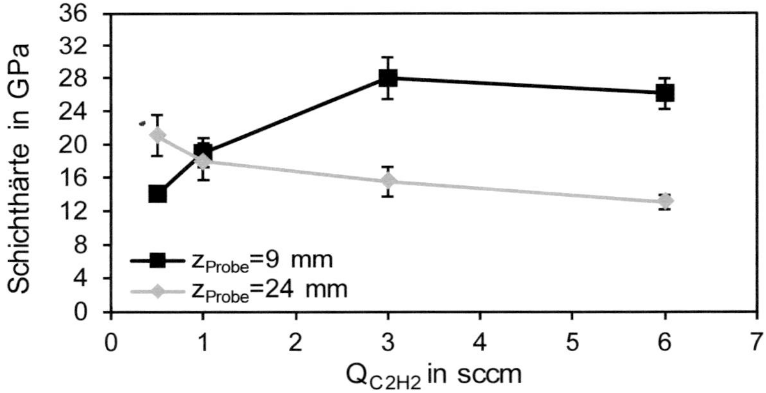

Abbildung 60: Abhängigkeit der Schichthärte vom Reaktivgasfluss gemessen an den Probenpositionen z_{Probe}=9 mm und z_{Probe}=24 mm

Für die Probenposition z_{Probe}=9 mm zeigt sich im Fall der Acetylengasflüsse Q_{C2H2}=0,5 sccm und Q_{C2H2}=1 sccm der Einfluss der geringen Schichtdicke auf das Härteergebnis. Da die Schichtdicken an dieser Probenposition nur zirka SD=1,5-2 µm betragen und somit im Verhältnis zur Eindringtiefe des Messdiamanten gering ist, ergibt sich für diese Messreihen ein größerer Einfluss der Substrathärte und schlussendlich ein scheinbar geringer Härtewert für die Messung.

Die Schichthärten der Proben, die mit einem Acetylengasfluss von Q_{C2H2}=3 sccm und Q_{C2H2}=6 sccm hergestellt wurden, zeigen für diese Messposition eine erwartet hohe Schichthärte, die mit geringer werdendem Acetylengasfluss ansteigt. Nahezu parallel dazu verläuft die Schichthärte der gleichen Proben (Q_{C2H2}=3 sccm und Q_{C2H2}=6 sccm), die an der Messposition z_{Probe}=24 mm gemessen wurde. Der Unterschied der Schichthärten zwischen den beiden Messpositionen ergibt sich aus den unterschiedlichen Druckbereichen innerhalb der Probe und wurde bereits im Kontext der Diskussion von Abbildung 53 erläutert.

Eine Verringerung des Acetylengasflusses bewirkt eine Steigerung der Schichthärte für die Probenposition z_{Probe}=24 mm. Die höchste Schichthärte wurde mit dem geringsten Acetylengasfluss erzielt.

Libardi et al. untersuchten die Schichtenhärten von Proben, die mit einem reaktiv gesputtertem Kohlenstofftarget unter Acetylenatmosphäre hergestellt wurden. Die höchsten Schichthärten wurden in diesen Experimenten ebenfalls mit einem geringen Anteil an Acetylen beobachtet */Lib 04, S. 283/.*

Eine Erklärung für diesen Effekt kann die Annahme liefern, dass eine Verringerung des Acetylengasflusses den Anteil an Wasserstoffteilchen an der Schichtwachstumsreaktion senkt. Der Zusammenhang eines geringeren Wasserstoffgehaltes auf eine höhere Schichthärte wurde bereits im vorherigen Kapitel 4.3.6.4 diskutiert. Piazza et al. untersuchten unter der Anregung einer Mikrowellenplasmaquelle ein

Acetylenplasma und konnten bei Verringerung des Acetylengasdruckes eine Verringerung des Wasserstoffgehaltes, eine Senkung der DLC-Wachstumsrate und eine Verringerung des sp^2/sp^3-Verhältnisses beobachten */Pia 01, S. 197/*.

Unter der getroffenen Berücksichtigung eines konstanten Gasflusses, das heißt einer Erhöhung des Argongasflusses bei gleichzeitiger Verringerung des Acetylengasflusses, ist eine Verstärkung des Argonbombardements, und somit eine weitere Verringerung des Wasserstoffanteils in der Schicht anzunehmen. Um diesen Ansatz zu verfolgen wurden die Schichthärteergebnisse für die Variationen des Acetylengasflusses und des Gesamtprobeninnendruckes über die Abszisse des Verhältnisses aus Acetylengasfluss (Q_{C2H2}) zu Gesamtgasfluss ($Q_{Ges}=Q_{C2H2}+Q_{Ar}$) vergleichend dargestellt, siehe Abbildung 61.

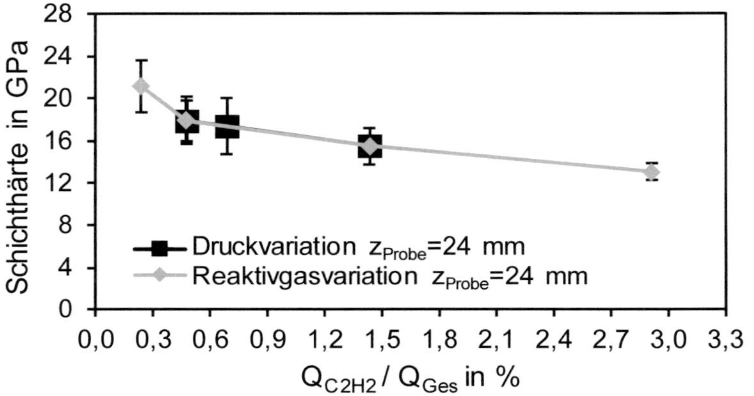

Abbildung 61: Kombination der Schichthärteergebnisse aus den Variationen des Reaktivgasflusses und des Probeninnendruckes über das Verhältnis aus beiden Größen für die Probenposition z_{Probe}=24 mm

Ausgehend vom Referenzprozess, mit einem Acetylen-zu-Gesamtgasfluss-Verhältnis von Q_{C2H2}/Q_{Ges}=1,4 %, führt sowohl eine Verringerung des Acetylengasflusses als auch die Erhöhung des Gesamtgasflusses zu einer Erhöhung der Schichthärte im direkten Einflussbereich der Hohlkathodenentladung (z_{Probe}=24 mm). Die beiden Messreihen sind annähernd deckungsgleich. Trotz der nur geringen Änderung des Acetylen-zu-Gesamtgasfluss-Verhältnisses im einstelligen Prozentbereich ist eine Änderung der Schichthärte um ca. 30% erzielt worden.

Neben dem Einfluss des Acetylengasflusses auf die Schichthärte wurde die mittlere elektrische Stromstärke gemessen, siehe Abbildung 62.

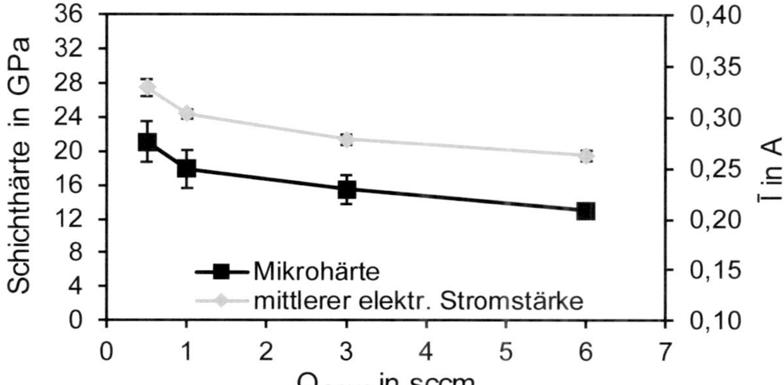

Abbildung 62: Vergleich zwischen Schichthärte (z_{Probe}=24 mm) und mittlerer Stromstärke in Abhängigkeit vom Acetylengasfluss

Im Vergleich der Schichthärte- und der Stromstärkekurve in Abbildung 62 fällt die Korrelation beider Größen auf.

Die Verringerung des Acetylengasflusses lässt sowohl die Schichthärte als auch der elektrischen Stromstärke ansteigen.

Die Erhöhung der elektrischen Stromstärke weist auf eine erhöhte Leitfähigkeit des Plasmas hin. Somit stützt diese Beobachtung die These eines erhöhten Argonbombardements auf die wachsende DLC-Schicht.

Deng und Braun untersuchten den Einfluss der Ionenstromdichte auf die intrinsischen Spannungen und die Mikrohärte der Schicht. Dabei beobachteten sie, dass durch eine Erhöhung der Ionenstromdichte die Mikrohärte der Schicht erhöht werden kann */Den 96, S. 481/*.

Durch die höhere elektrische Stromstärke wird mehr Leistung an das System abgegeben und eine höhere Temperatur während des Beschichtungsprozesses erzielt. Die Autoren um Chowdhury et al. konnten mit einer aktiven Erhöhung der Substrattemperatur die Härte der DLC-Schicht, die aus einem Graphittarget reaktiv gesputtert wurde, signifikant beeinflussen. Dabei sinkt die Schichthärte nach Überschreiten eines Maximums bei T=130 °C geringfügig ab */Cho 04, S. 809/*. Die maximal untersuchten Temperaturen von T=180 °C entsprechen in etwa den in dieser Arbeit erwarteten.

Abschließend lässt sich resümieren, dass die Verringerung des Acetylengasflusses die höchste Einflussmöglichkeit darstellt, um die Schichthärte und die Schichtwachstumsrate zu variieren.

5 Ableitung erweiterter Vorstellungen zur Abscheidung von DLC-Schichten in Sacklöchern mittels Hohlkathodenentladung

Im folgenden Kapitel sollen die Errungenschaften der Arbeit aufgelistet werden. Die nachstehende Abbildung 63 zeigt die Zielstellung und die daran abgeleiteten erweiterten Vorstellungen zur Abscheidung von DLC-Schichten in Sacklöchern mittels Hohlkathodenentladungen.

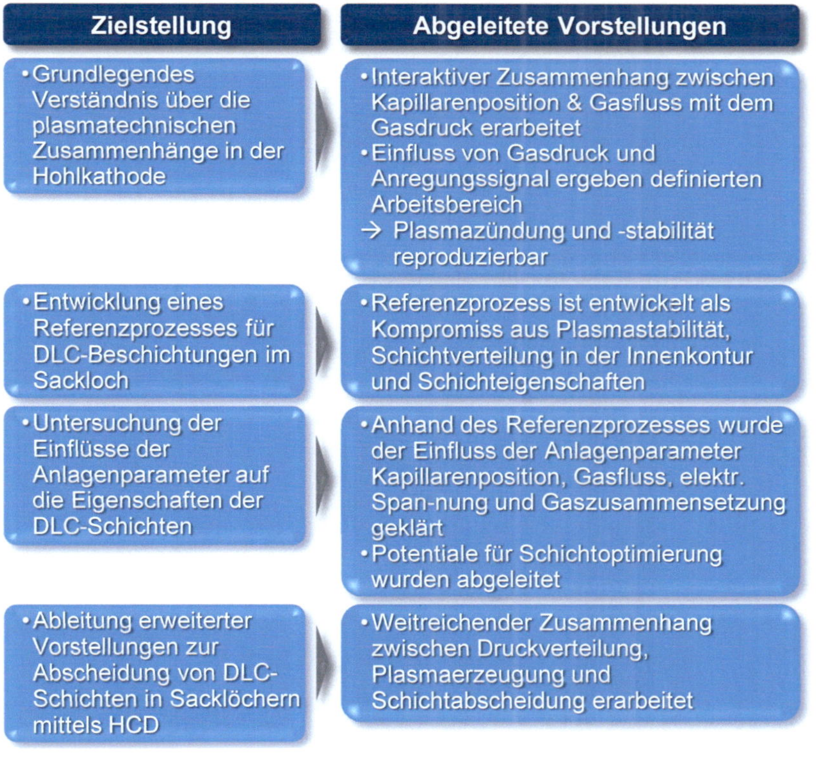

Abbildung 63: Wissenschaftliche Errungenschaften und Zielstellung

Die folgende Abbildung 64 listet die erarbeiteten Wirkzusammenhänge auf und unterteilt diese in die Plasmaentstehung und –stabilität, sowie die Beschichtung von DLC-Schichten.

Gasdruck und Hohlkathodenplasma

- Je höher der Gasfluss und je weiter die Kapillare an das Sacklochende eingefahren wird, desto höher ist der Druck in der Innenkontur
- Strom-Spannungs-Charakteristik mit drei Bereichen: anormale Glimmentladung, Hohlkathodenentladung & Übergang zur Lichtbogenentladung
- Plasmaimpedanz geringer, wenn Anregungsspannung und Probeninnendruck größer
- Kapillare besitzt isolierende Wirkung und teilt Innenkontur (bei eingefahrener Kapillare) in einen aktiven HCD-Bereich und einen Remoteplasma-Bereich

DLC-Beschichtung

- Elektr. Leistung mit höherem Einfluss auf Schichthaftung als Ionenenergie
- Redepositionsschicht aus Kathodenmaterial mit positivem Effekt auf die Schichthaftung
- Schichtdickenbereiche im Probenlängsverlauf mit unterschiedlichen Wachstumsraten, deren Position sich mit der Kapillarenposition ändert
- Erhöhung des Probeninnendruckes homogenisiert Schichtdickenlängsprofil
- Steigerung der elektr. Spannung erhöht die Wachstumsraten im aktiven HCD-Bereich
- Verringerung des Verhältnisses aus Reaktivgas zu Arbeitsgas steigert die Schichthärte im aktiven HCD-Bereich

Abbildung 64: Zusammenfassung der Wirkzusammenhänge

6 Zusammenfassung und Ausblick

Im Folgenden werden die wichtigsten Ergebnisse und Erkenntnisse der theoretischen und praktischen Arbeit zusammengefasst.

Das Ziel der vorliegenden Arbeit ist die Identifizierung und die anschließende Untersuchung der Einflussparameter auf einen DLC-Beschichtungsprozess einer Sacklochgeometrie mit einem Innendurchmesser von D_{Probe}=4 mm und einer Länge von L_{Probe}=26 mm. Die Sacklochgeometrie wurde mit Hilfe einer keramischen Kapillare mit Gas versorgt. Dabei wurde die Kapillare über eine Positionierungsstrecke von außerhalb des Sacklocheinganges bis nahe an das innere Sacklochende verfahren. Zunächst wurde der Zusammenhang zwischen dem Argongasfluss sowie der Kapillarenposition auf den Probeninnendruck, gemessen am Sacklochende, untersucht. Bei der Betrachtung des Probeninnendruckes in Abhängigkeit von der Kapillarenposition wurde festgestellt, dass zwischen einer Kapillarenposition außerhalb der Innengeometrie und einer eingefahrenen Kapillare unterschieden werden muss. Bei konstantem Argongasfluss steigt der Probeninnendruck bei stückweise variierender Kapillarenposition in Richtung des Sacklochendes mit einem höheren Gradienten als bei einer im Probeninnenraum positionierten Kapillare. Weiterhin konnte ein linearer Zusammenhang zwischen dem Gasfluss und dem Probeninnendruck für geringe und mittlere Gasflüsse (Q_{Ar}≤500 sccm) beobachtet werden. Insbesondere bei weit eingefahrener Kapillare (z_{Kap}≥19 mm) und bei hohen Argongasflüssen (Q_{Ar}>500 sccm) konnten Druckinstabilitäten beobachtet werden. Diese Druckinstabilitäten wurden auf sich ausbildende Druckmaxima als Strömungswiderstand im Einflussbereich zwischen Kapillare und Probeninnenfläche zurückgeführt. Daraufhin wurde ein stabiler Bereich für den Probeninnendruck bis ca. p_{Probe}=20 mbar festgelegt, in dem die weiteren Untersuchungen vorgenommen wurden. Diese Vorgehensweise ähnelt der von Hoffmann, allerdings ist die Definition von druckstabilen Prozessgrenzen und die Korrelationen zu dynamischen Druckschwankungen eine signifikante Erweiterung der Wissensbasis.

In einer weiterführenden Druckuntersuchung konnte die Überschallexpansion des Gases am Übergang vom Probeninneren zum Vakuumrezipienten nachgewiesen werden. Hierfür wurde bei eingefahrener Kapillare der Rezipientendruck variiert. Die Messung des Druckes im Probeninnenraum ergab keine Beeinflussung, so dass von einer Entkopplung der beiden Drucksysteme ausgegangen werden kann.

In einer vorangegangenen Arbeit wurde der Probeninnendruck mit Hilfe von Strömungssimulationen untersucht. Aufbauend auf diesen Ergebnissen konnten für den Fall einer in die Probe eingefahrenen Kapillare drei Druckbereiche längs der Probenachse abgeleitet werden. Der erste Druckbereich befindet sich im Einflussbereich der Kapillare und ist durch einen geringen Druck geprägt. Der zweite Druckbereich befindet sich vor dem Gasauslass an der Kapillarenspitze und ist ein Übergangsbereich von geringem zu hohem Druck. Der dritte Druckbereich befindet sich am Sacklochende, entspricht den in dieser Arbeit gemessenen Probeninnendrücken und ist durch einen hohen Druck gekennzeichnet. Die Identifizierung der einzelnen Druckbereiche ist eine wesentliche Grundlage um die Schichtbildung über den Probenlängsverlauf interpretieren zu können und bedeutet eine signifikante Erweiterung des Standes der Technik.

In Vorbereitung auf die Plasmaversuche wurden das Verhalten des Netzteiles untersucht und die Grundeinstellungen für das Puls-zu-Pause-Verhältnis, die Frequenz und die Regelungsart festgelegt.

Da mit dem Netzteil sowohl die Hohlkathodenentladung als auch die Schichtabscheidung realisiert wurde, bestand die Notwendigkeit die Plasmastabilität in Abhängigkeit der Einflussparameter Gasfluss und elektrischer Spannung zu prüfen. Mit einer Steigerung der elektrischen Spannung wurde die Strom-Spannungs-Kennlinie des Systems bestimmt. Im unteren Stromstärkebereich handelt es sich um eine anormale Glimmentladung. Daran anschließend folgt ein linearer Strom-Spannungs-Bereich, welcher als Hohlkathodenentladung identifiziert wurde. Nach oben wird die Kennlinie durch die Lichtbogenentladung vervollständigt. Dieser Bereich wurde anschließend durch die Festlegung netzteilinterner Grenzen ausgeschlossen, um eine Schädigung der DLC-Schichten zu vermeiden. Für unterschiedliche Kapillarenpositionen und Gasflüsse wurden im reinen Argonplasma Stabilitätstests durchgeführt. Bei konstant geregelter elektrischer Spannung wurde die Auswertung nach dem elektrischen Widerstand des Systems über das Verhältnis aus $R=P/I^2$ vorgenommen. Für die meisten Konfigurationen des Systems (Kapillarenposition, Argongasdruck und elektrischer Spannung) erfolgte der Übergang von der Glimmentladung zur Hohlkathodenentladung gleichmäßig. Im Gegensatz dazu konnte bei geringen Argongasdrücken ein sprunghafter Übergang zur Hohlkathodenentladung beobachtet werden, so dass diese Druckbereiche in Abhängigkeit von der Kapillarenposition die unteren Grenzen für die weiteren Untersuchungen darstellen. Des Weiteren wurden die

Einflüsse des Abstandes zwischen Kapillarenhalterung und Probenaufnahme, der Temperatur und der Leckagen bei Kapillarenfehlpräparation untersucht.

Im nächsten Versuchsteil wurde das Verhalten der Hohlkathodenentladung während des Einfahrens der Kapillare in den Probeninnenraum eruiert. Für geringe elektrische Spannungen, das heißt nahe dem Übergang zur anormalen Glimmentladung, folgt die Kurve der elektrischen Stromstärke dem Produkt aus Kathodenfläche und dem zuvor bestimmten Probeninnendruck (in Abhängigkeit von der Kapillarenposition). Dieser Zusammenhang zeigt die isolierende Wirkung der Keramik-Kapillare und ist der Beweis, dass die Entladung nur im direkten Kathodenbereich erfolgt. Für höhere Spannungen, das heißt im stabilen Hohlkathodenmodus kann eine Stromstärkesättigung beobachtet werden, welche durch die Stromstärkebegrenzung des Netzteils manuell festgelegt ist.

Die Versuche zur Plasmastabilität im reinen Argonplasma zeigten das mögliche Parameterfeld für die Untersuchung auf die Probenvorbehandlung durch Argonionenbeschuss und die DLC-Schichtabscheidung. Diese Ergebnisse und die daraus abgeleitete Theorie der unterschiedlichen HCD-Zonen stellen einen Meilenstein für das Verständnis der plasmatechnischen Vorgänge in der Anwendung der Hohlkathode als Werkzeug zur Abscheidung von DLC-Schichten in Sacklöchern dar.

Anhand eines Referenz-DLC-Prozesses wurden die Einflüsse des Argonbombardements auf die Schichtadhäsion untersucht. Hierfür wurde zunächst die Ionenenergie über die elektrische Spannung und anschließend über den Argongasdruck variiert. Eine Verbesserung der Schichthaftung konnte durch die mit der Spannungssteigerung einhergehende Leistungserhöhung während des Argonbombardements beobachtet werden. Einen signifikant positiven Effekt auf die Schichthaftung hatte die nachgewiesene rückgesputterte Eisenschicht, deren Auftreten durch eine hohe elektrische Leistung pro Kathodenfläche initiiert wird. Diese Erkenntnis vergrößert das Verständnis über die Herstellung einer gut haftenden DLC-Schicht.

Im letzten Experimentzyklus wurden die Einflussgrößen auf die Abscheidung der a-C:H-Dünnschichten untersucht. Anfangs wurde der Parameter Kapillarenposition im Hinblick auf die Homogenität der Schichtdicke und der Schichthärte über das Probenlängsprofil untersucht. Unter der Annahme, dass das Schichtdickenlängsprofil einen eingefrorenen Zustand der Plasmabedingungen im Probeninnenraum darstellt, wurde die Korrelation zwischen der Kapillarenposition und dem Druckprofil hergestellt. Für die weiteren Experimente zur Schichtabscheidung wurde eine Kapillarenposition gewählt, die den Bereich des sehr hohen Druckes auf ein geringes Maß reduziert. Der weiter oben beschriebene Übergangsbereich des Druckes wird durch die tief eingefahrene Kapillare teilweise vom Sacklochende in den Einflussbereich der Kapillare zurückreflektiert, so dass sich der Übergangsbereich vergrößert und homogenisiert. Ein wesentlicher Entwicklungsschritt war die Definition eines Referenzprozesses als Basis für die Untersuchungen der Einflussparameter Gesamtgasdruck, Anregungsspannung und Gasflussverhältnis aus Reaktivgas und Arbeitsgas. Im Vorfeld dieser Experimente wurden die jeweiligen Wachstumsraten für eine festgelegte Probenposition bestimmt, um anschließend konstante Schichtdicken im Hinblick auf die Schichthärtemessungen einstellen zu können. Die mit dem vorgestellten Verfahren realisierbaren DLC-Schichtwachstumsraten liegen bei R>100 µm/h und im Vergleich mit der Literatur in einem sehr hohen Bereich. Die hohe Plasmadichte in der HCD ermöglicht diese hohen DLC-Wachstumsraten.

Der Einfluss des Probeninnendruckes zeigt sich durch eine Erhöhung der Ionendichte bei der Plasmaerzeugung und der Verringerung der Ionenenergie bei der DLC-Abscheidung. Im direkten Einflussbereich der Hohlkathode werden mit einer Erhöhung des Probeninnendruckes eine verringerte Schichtdicke und eine Erhöhung der Schichthärte gemessen. Dies wird auf eine verbesserte Rate des Argonbombardements zurückgeführt. Im Isolationsbereich der Kapillare äußert sich die Druckerhöhung in einer Verringerung der Schichthärte infolge der verringerten Ionenenergie.

In der anschließenden Versuchsreihe wurde der Einfluss der Anregungsspannung verifiziert. Im Allgemeinen kann mit einer Erhöhung der Anregungsspannung die Ionendichte im Bereich der Plasmaanregung erhöht werden, was sich direkt auf eine Erhöhung der Schichtdicke auswirkt. Bei sehr hohen Wachstumsraten im HCD-Einflussbereich kann es im Übergangsbereich vom Probeninnenraum zum Vakuumrezipienten zu einer Verknappung der reaktiven Spezies und somit zu einer Verringerung der Schichtdicke kommen. Für beide Druckbereiche wurden infolge der Spannungserhöhung eine Steigerung der Schichthärte und eine Abnahme des Wasserstoffanteils ermittelt.

Der Einfluss des Verhältnisses aus Reaktivgas zu Arbeitsgas wurde im letzten Versuchsteil untersucht. Um den Gesamtdruck während der Untersuchungen konstant zu lassen, wurde der Argongasfluss der Änderung des Reaktivgasflusses angepasst. Bei Variation des Reaktivgases steigen die Wachstumsraten bis zu einer Sättigungsschwelle an. Für sehr geringe Reaktivgasflüsse kann eine Verknappung der reaktiven Spezies im Einflussbereich der Kapillare beobachtet werden. Die ermittelten Schichthärten im direkten Einflussbereich der Hohlkathodenentladung steigen, wenn das Verhältnis des Reaktivgasanteils am Gesamtgasanteil ($Q_{C2H2}/(Q_{C2H2}+Q_{Ar})$) sinkt. Diesem Trend folgen auch die Härtemessungen aus den Gesamtgasflussvariationen.

In dieser Arbeit wurden die wesentlichen Einflussfaktoren für eine Hohlkathodenentladung in einem Sackloch identifiziert und hinsichtlich einer stabilen Plasmaanwendung verifiziert. Darüber hinaus wurden reproduzierbare und haftende Schichten auf einem Stahlsubstrat abgeschieden.

Nachdem die Einflussgrößen und Mechanismen in den einzelnen HCD-Zonen identifiziert und analysiert werden, werden die Prozesse zur Beschichtung von Sacklochgeometrien beherrscht. Aufbauend auf den Ergebnissen der Arbeit können die Parameter der Beschichtung in einer Sacklochgeometrie gezielt verändert werden.

In weiterführenden Untersuchungen könnte der Einfluss der Schichtdicke der Eisenrücksputterschicht auf die Schichthaftung untersucht werden. Weiterhin könnten die tribologischen Eigenschaften der erzeugten DLC-Schichten in Verschleißtests ermittelt werden. Aufgrund der hier vorgestellten Einzelteilbehandlung und der Abhängigkeit eines Vakuumrezipienten, könnte eine Vervielfachung des Quellenkonzepts die Beschichtung von Innengeometrien in einen wirtschaftlich sinnvollen Bereich verhelfen.

7 Literaturverzeichnis

/Adv 03/ *Advanced Energy Industries, Inc: Pinnacle Plus+ 5kW. Prerelease Version, 2003. –Firmenschrift*

/Ars 98/ *Arslanbekov, R. R.; Kudryavtsev, A. A.; Tobin, R. C.: On the hollow-cathode effect: conventional and modified geometry. In: Plasma Source Sci. Technol. 7 (1998), S. 310-322*

/Bab 14/ *Baba, K.; Hatada, R.; Flege, S.; Ensinger, W.: DLC coating of interior surfaces of steel tubes by low energy plasma source ion implantation and deposition. In: Applied Surface Science 310 (2014), S. 262-265*

/Bag 02/ *Baguer, N.; Bogaerts, A.; Gijbels, R.: Hybrid model for a cylindrical hollow cathode glow discharge and comparison with experiments. In: Spectrochimica Acta Part B 57 (2002), S. 311-326*

/Bar 88/ *Bárdoš, L; Dušek, V.: High rate jet plasma-assisted chemical vapour deposition. In: Thin Solid Films 158 (1988), S. 265-270*

/Bar 96/ *Bárdoš, L: Radio frequency hollow cathodes for plasma processing technology. In: Surface and Coatings Technology 86-87 (1996), S. 648-656*

/Bar 97/ *Bárdoš, L; Baránková, H.; Berg S.: Thin film processing by radio frequency hollow cathodes. In: Surface and Coating Technology 97 (1997), S. 723-728*

/Ben 14/ Benkenstein, A; Böbel, K.; Müller, M.; Dzur, B.: Effect of gas pressure and excitation voltage on the plasma stability of a pulsed-DC hollow cathode discharge. Veranst.: International Conference on Metallurgical Coatings and Thin Films – ICMCTF, 2014- Posterbeitrag

/Beh 93/ Behncke, H.-H.: Bestimmung der Universalhärte und anderer Kennwerte an dünnen Schichten, insbesondere Hartstoffschichten. In: Härterei-Technische Mitteilung 48 (1993), Nr. 5

/Ber 03/ Bergmann, L.; Schaefer, C.; Raith, W. (Hrsg.): Ludwig Bergmann; Clemens Schaefer: Lehrbuch der Experimentalphysik, Band 4: Bestandteile der Materie: Atome, Moleküle, Atomkerne, Elementarteilchen. 2. Aufl. Berlin: De Gruyter, 2003 Berlin

/Ber 05/ Berg, S.; Nyberg, T.: Fundamental understanding and modeling of reactive sputtering processes. In: Thin Solid Films 476 (2005), S. 215-230

/Bit 86/ Bittencourt, J. A.: Fundamentals of Plasma Physics. Kronberg: Pergamon Press, 1986

/Bui 07/ Buijnsters, J. G.; Camero, M.; Vázquez, L.; Agulló-Rueda, F.; Gómez-Aleixandre, C.; Albella, J. M.: DC substrate bias effects on the physical properties of hydrogenated amorphous carbon films grown by plasma-assisted chemical vapor deposition. In: Vacuum 81 (2007), S. 1412-1415

/Bra 99/ Bradley, J. W.: The use of hollow cathode structured magnetron targets. In: Surface and Coating Technology 120-121 (1999), S. 697-703

/Bro 01/ Bronstein, I. N.; Semendjajew, K. A.; Musiol, G.; Mühlig H.: Taschenbuch der Mathematik. 5. Aufl. Frankfurt a.M.: Verlag Harri Deutsch, 2001

/Bru 54/ Bruining, H.: Physics and applications of secondary electron emission. New York: McGraw-Hill Book, 1954

/Bun 08/ Bundaleska, N.; Tomova, Z.; Steflekova, V.; Zhechev, D.: Ion sputtering of cathode surface in a hollow cathode discharge. In: Vacuum 82 (2008), S. 455-458

/Che 00/ Cheng, Y.H.; Wu, Y.P.; Chen, J.G.; Qiao, X.L.; Xie, C.S.; Tay, B.K.; Lau, S.P.; Shi, X.: On the deposition mechanism of a-C:H films by plasma enhanced chemical vapour deposition. In: Surface and Coating Technology 135 (2000), S. 27-33

/Che 05/ Chen, C.-C.; Hong, F. C.-N.: Interfacial studies for improving the adhesion of diamond-like carbon films on steel. In: Applied Surface Science 243 (2005), S. 296-303

/Cho 04/ Chowdhury, S.; Laugier, M. T.; Rahman, I. Z.: Characterization of DLC coatings deposited by rf magnetron sputtering. In: Journal of Materials Processing Technology 153-154 (2004), S. 804-810

/Den 96/ Deng, J.; Braun, M.: Residual stress and microhardness of DLC multilayer coatings. In: Diamond and Related Materials 5 (1996), S. 478-482

/Don 10/ *Donnet, C. (Hrsg.); Erdemir, A. (Hrsg.): Tribology of Diamond-Like Carbon Films. New York: Springer Scrience + Business media, 2010*

/Fed 00/ *Fedosenko, G.; Engemann, J.; Korzec, D.: Deposition of diamond-like carbon films by a hollow cathode multi-jet rf plasma system. In: Surface and Coatings Technology 133-134 (2000), S. 535-539*

/Fed 01/ *Fedosenko, G.; Schwabedissen, A.; Korzec, D.; Engemann, J.: Diamond-like carbon film deposition by a 13.56 MHz hollow cathode RF-RF system using different precursor gases. In: Surface and Coating Technology 142-144 (2001), S. 693-697*

/Fed 02/ *Fedosenko, G.: Plasmaunterstützte Abscheidung diamantähnlicher Schichten für medizinische Anwendungen: Plasmawerkzeuge und Mechanismen. Wuppertal, Bergische Universität Gesamthochschule, Fachbereich f. Elektrotechnik und Informationstechnik, Dissertation, 2002*

/Fre 95/ *Frey, H. (Hrsg.); Döbele, H. F.; Möller, W.; Taglauer, E.: Vakuumbeschichtung 1: Plasmaphysik-Plasmadiagnostik-Analytik. Düsseldorf: VDI Verlag, 1995*

/Fri 04/ *Fridman, A.; Kennedy, L. A.: Plasma Physics and Engineering. New York: Taylor & Francis Books, 2004*

/Gün 23/ *Güntherschulze, A.: Die Stromdichte des normalen Kathodenfalls. In: Zeitschrift für Physik 19 (1923), S. 313-332*

/Gur 05/ *Gurnett, D. A.; Bhattacharjee, A.: Introduction to Plasma Physics: With Space and Laboratory Applications. Cambridge: Cambridge University Press, 2005*

/Gri 99/ *Grill, A.: Diamond-like carbon: state of the art. In: Diamond and Related Materials 8 (1999), S. 428-434*

/Gri 99/ *Grill, A.: Electrical and optical properties of diamond-like carbon. In Thin Solid Films 355-356 (1999), S.189-193*

/Hel 98/ *Hellmich, A.; Jung, T.; Kielhorn, A.; Rißland, M.: CVD-processes by hollow cathode glow discharge. In: Surface and Coating Technology 98 (1998), S. 1541-1546*

/Her 05/ *Hering, E. (Hrsg.); Bressler, K. (Hrsg.); Gutekunst, J. (Hrsg.): Elektrik für Ingenieure und Naturwissenschaftler. 5. Aufl. Berlin: Springer, 2005*

/Hof 11/ *Hoffmann, D.; Müller, M.; Petkow, D.; Herdrich, G.; Fasoulas, S.: Experimentelle und numerische Untersuchung einer kapazitiv betriebenen Sackloch-Hohlkathode. Veranst.: 15. Fachtagung für Plasmatechnologie - PT15, Stuttgart: Institut für Plasmaforschung, 2011- Posterbeitrag*

/Hof 14/ *Hoffmann, D.; Müller, M.; Petkow, D.; Herdrich, G.; Lein, S.: Experimental investigation of a capacitive blind hollow cathode discharge with central gas injection. In: Plasma Sources Sci. and Technol. 23 (2014) 065023, S.1-10*

/Hop 00/ *Hopwood, J. A.: Ionized Physical Vapor Deposition. San Diego: Academic Press, 2000*

/Hou 12/ *Houghton, E. L.; Carpenter, P. W.; Collicott, S.; Valentine, D.: Aerodynamics for Engineering Students. 6. Aufl. Waltham: Butterworth-Heinemann (Elsevier), 2012*

/Hsu 09/ *Hsu, J.-S.; Tzeng, S.-S.; Wu, Y.-J.: Influence of hydrogen on the mechanical properties and microstructure of DLC films synthesized by r.f.-PECVD. In: Vacuum 83 (2009), S. 622-624*

/Hub 02/ *Hubička, Z.; Pribil, G.; Soukup, G. J.; Ianno, N. J.: Investigation of the rf and dc hollow cathode plasma-jet sputtering systems for the deposition of silicon thin films. In: Surface and Coating Technology 160 (2002), S. 114-123*

/Ils 10/ *Ilschner, B.; Singer, R. F.: Werkstoffwissenschaften und Fertigungstechnik: Eigenschaften, Vorgänge, Technologien. 5.Aufl. Berlin: Springer, 2010*

/Jac 93/ *Jacob, W.; Möller, W.: On the structure of thin hydrocarbon films. In: Appl. Phys. Lett. 63 (1993), S.1771*

/Jia 08/ *Jiang, H. F.; Tian, X. B.; Yang, S. Q.; Fu, R. K. Y.; Chu, P. K.: Structure and mechanical properties of diamondlike carbon films produced by hollow-cathode plasma deposition. In: Journal of Vacuum Science and Technology A 26 (2008), S. 1149-1153*

/Jou 10/ *Jousten, K. (Hrsg.): Wutz Handbuch Vakuumtechnik. 10. Aufl. Wiesbaden: Vieweg+Teubner, 2010*

/Kar 05/ *Karrenberg, U.: Signale-Prozesse-Systeme: Eine multimediale und interaktive Einführung in die Signalverarbeitung. 4. Aufl. Berlin: Springer, 2005*

/Kay 09/ *Kayani, A.; Moore, A.; Nandasiri, M. I.; AlFaify, S.; Garratt, E.; Ingram, D.; Maqbool, M.: Effect of bias and hydrogenation on the elemental concentration and the thermal stability of amorphous thin carbon films, deposited on Si substrate. In: Diamond and Related Materials 18 (2009), S. 1333-1337*

/Keu 13/ *Keunecke, M.: persönliche, telefonische Aussage. Fraunhofer Institut für Schicht- und Oberflächentechnik IST, Braunschweig, 06/2014*

/Kor 94/ *Korzec, D.; Schott, M.; Engemann, J.: Radio frequency hollow cathode discharge for large-area double-sided foil processing. In: Journal of Vacuum Science and Technology A 13 (3) (1995), S. 843-848*

/Kou 13/ *Kousaka, H.; Mori, K.; Umehara, N.; Tamura, N.; Shindo, T.: Internal DLC coating of narrow metal tubes using high-density near plasma sustained by microwaves propagating along plasma-sheath interfaces. In: Surface and Coating Technology 229 (2013), S. 65-70*

/Kos 96/ *Koski, K.; Hölsä, J.; Ernoult, J.; Rouzaud, A.: The connection between sputter cleaning and adhesion of thin solid films. In: Surface and Coatings Technology 80 (1996), S. 195-199*

/Kul 11/ *Kulite Semiconductor Products, Inc.: High Temperature Miniature IS® Pressure Transducer XCEL-100 Series. Kulite Semiconductor Products Inc., Leonia, New Jersey, 2011. –Handbuch*

/Lai 01/ *Lai, K. H.; Chan, C. Y.; Fung, M. K.; Bello, I.; Lee, C. S.; Lee, S. T.: Mechanical properties of DLC films prepared in acetylene and methane plasma using electron cyclotron resonance microwave plasma chemical vapor deposition. In: Diamond and Related Materials 10 (2001), S. 1862-1867*

/Laj 04/ *Lajunen, L. H. J.; Perämäki, P.: Spectrochemical Analysis by Atomic Absorption and Emission. 2.Aufl. Cambridge: The Royal Society of Chemistry, 2000*

/Lat 94/ *Latscha, H. P.; Klein, H. A.: Chemie. 6. Aufl. Berlin Heidelberg: Springer, 1994*

/Lau 09/ *Laurien, E.; Oertel, H.: Numerische Strömungsmechanik: Grundgleichungen und Modelle – Lösungsmethoden – Qualität und Genauigkeit.. 3. Aufl. Wiesbaden: Vieweg+Teubner, 2009*

/Lee 00/ *Lee, K.-R.; Eun, K. Y.; Kim, I.; Kim, J.: Design of W buffer layer for adhesion improvement of DLC films on tool steels. In: Thin Solid Films 377-378 (2000), S. 261-268*

/Lee 10/ *Lee, Y.-S.; Lee, H.-S.; Chang, H.-Y.: Power dissipation and mode transition in an RF discharge with multi-hollow cathode electrode. In: Thin Solid Films 518 (2010), S. 6682-6685*

/Li 2010/ *Li, S.; Ouyang, J.-T.; He, F.: Transition of Discharge Mode of a Local Hollow Cathode Discharge. In: Chin. Phys. Lett. Vol. 27, No. 6 (2010), 065201*

/Lib 04/ *Libardi, J.; Grigorov, K.; Massi, M.; Otani, C.; Ravagnani, S. P.; Maciel, H.S.; Guerino, M.; Ocampo, J.M.J.: Comparative studies of the feed gas composition effects on the characteristics of DLC films deposited by magnetron sputtering. In: Thin Solid Films 459 (2004), S. 282-285*

/Lie 05/ *Lieberman, M. A.; Lichtenberg, A. J.: Principles of plasma discharges and material processing. 2.Aufl. Hoboken: Wiley-Interscience, 2005*

/Liu 10/ *Liu, K.-C.; Cheng, H.-L.; Tsai, J.-R.; Ciang, Y.-L.; Hsieh, Y.-C.; Jan, D.-J.: Investigation of SiO_xC_y film as the encapsulation layer for full transparent OLED using hollow cathode discharge plasma at room temperature. In: Thin Solid Films 518 (2010), S. 6195-6198*

/Lus 08/ *Lusk, D.; Gore, M.; Boardman, W.; Casserly, T.; Boinapally, K.; Oppus, M.; Upadhaya, D.; Tudhope, A.; Gupta, M.; Cao, Y.; Lapp, S.: Thick DLC films deposited by PECVD on the internal surface of cylindrical substrates. In: Diamond & Related Materials 17 (2008), S. 1613-1621*

/Maî 05/ *Maître, N.; Camelio, S.; Barranco, A.; Giradreau, T.; Breelle, E.: Physical and chemical properties of amorphous hydrogenated carbon films deposited by PECVD in a low self-bias range. In: Journal of Non-Crystalline Solids 351 (2005), S. 877-844*

/Mat 13/ *Matsui, R.; Mori, K.; Kousaka, H.; Umehara, N.: Observation of source gas depletion in narrow metal tube during internal diamond-like carbon coating with microwaves. In: Diamond and Related Materials 31 (2013), S. 72-80*

/Mei 09/ *Meinel, C.; Sack, H.: Digitale Kommunikation: Vernetzen, Multimedia, Sicherheit. 1. Aufl. Berlin: Springer, 2009*

/Mes 84/ *Messier, R.; Giri, A. P.; Roy, R. A.: Revised structure zone model for thin film physical structure. In: Journal of Vacuum Science and Technology A 2 (1984), S. 500-503*

/Mil 99/ *Mildner, M.; Korzec, D.; Engemann, J.: 13.56 MHz hollow cathode jet matrix plasma source for large area surface coating. In: Surface and Coating Technology 112 (1999), S. 366-372*

/Mie 74/ *Mierdel, G.: Was ist Plasma?. Köln: Aulis Verlag Deubner, 1974*

/Mor 03/ *Morshed, M. M.; McNamara, B. P.; Cameron, D. C.; Hashmi, M. S. J.: Effect of surface treatment on the adhesion of DLC film on 316L stainless steel. In: Surface and Coatings Technology 163-164 (2003), S. 541-545*

/Mor 01/ *Mortimer, C. E.: Chemie: Das Basiswissen der Chemie. 7.Aufl. Stuttgart: Georg Thieme, 2001*

/Mut 96/ *Mutsukura, N.; Yoshida, K.: Deposition of DLC films in CH_4/Ar and CH_4/Xe r.f. plasmas. In: Diamond and Related Materials 5 (1996), S. 919-922*

/Nor 06a/ *Norm DIN EN ISO 6508 Teil 2 März 2006. Metallische Werkstoffe – Härteprüfung nach Rockwell – Teil 2: Prüfung und Kalibrierung der Prüfmaschinen (Skalen A, B, C, D, E, F, G, H, K, N, T)*

/Nor 06b/ *Norm DIN EN ISO 6508 Teil 3 März 2006. Metallische Werkstoffe – Härteprüfung nach Rockwell – Teil 3: Kalibrierung von Härtevergleichsplatten (Skalen A, B, C, D, E, F, G, H, K, N, T)*

/Oer 12/ *Oertel jr., H. (Hrsg.): Prantl – Führer durch die Strömungslehre: Grundlagen und Phänomene. 13.Aufl. Wiesbaden: Springer Vieweg, 2012*

/Pas 16/ *Paschen, F.: Bohrs Heliumlinien. In: Annalen der Physik 50 (1916), S. 901-940*

/Pan 13/ *Pang, X.; Peng, H.; Yang, H.; Gao, K.; Wu, X.; Volinsky, A. A.: Fast deposition of diamond-like carbon films by radio frequency hollow cathode method. In: Thin solid films 534 (2013), S. 226-230*

/Pet 10/ *Peter, S.; Günther, M.; Hauschild, D.; Grambole, D.; Richter, F.: Mid-frequency deposition of a-C:H films using five different precursors. In: Vacuum 85 (2010), S. 510-513*

/Phe 99/ *Phelps, A. V.; Petrovic, Z. Lj.: Cold-cathode discharges and breakdown in argon: surface and gas phase production of secondary electrons. In: Plasma Source Sci. Technol. 8 (1999), S. R21-R44*

/Pia 01/ *Piazza, F.; Arnal, Y.; Grambole, D.; Herrmann, F.; Kildemo, M.; Lacoste, A.; Relihan, G.; Golanski, A.: Influence of the process parameters on the properties of hydrogenated amorphous carbon thin films deposited using ECR plasma. In: Thin Solid Films 383 (2001), S. 196-199*

/Rat 10/ *Rathakrishnan, E.: Applied Gas Dynamics. Singapore: Wiley, 2010*

/Rei 10/ *Reif, K. (Hrsg.): Batterien, Bordnetze und Vernetzung. 1.Aufl. Wiesbaden: View+Teubner, 2010*

/Rie 07/ *Riedel, E.; Janiak, C.: Anorganische Chemie. 7.Aufl. Berlin: de Gruyter, 2007*

/Rob 03/ *Robert Bosch GmbH: Oberflächen- und Schichttechnik: Prüfverfahren. 2003. –Firmenschrift*

/Roc 08/ *Rockett, A.: The Materials Science of Semiconductors. New York: Springer, 2008*

/Ron 99/ *Ronkainen, H.; Koskinen, J.; Varjus, S.; Holmberg, K.: Experimental design and modelling in the investigation of process parameter effects on the tribological and mechanical properties of r.f.-plasma-deposited a-C:H films. In: Surface and Coatings Technology 122 (1999), S. 150-160*

/Sar 14/ *Sarkar, J.: Sputtering materials for VLSO and thin film devices. 1. Aufl. Waltham: Elsevier, 2014*

/Sch 96/ *Schoenbach, K. H.; Verhappen, R.; Tessnow, T; Peterkin, F. E; Byszewski, W. W.: Microhollow cathode discharges. In: Applied Physics Letters Vol. 68 No. 1 (1996), S. 13-15*

/Sch 99/ *Schwarz-Selinger, T.; von Keudell, A.; Jacob, W: Plasma chemical vapor deposition of hydrocarbon films: the influence of hydrocarbon source gas on the film properties. In: Journal of Appl. Phys. Vol. 86, No. 7 (1999), S. 3988-3996*

/Sch 00/ *Schulze, M.: Physikalische Vorgänge in gepulsten Magnetronentladungen. Magdeburg, Otto-von-Guericke-Universität, Fak. f. Naturwissenschaften, Dissertation, 2000*

/Sta 09/ *Stacy, A; Prawer, S.; Rubanov, S.; Akhvlediani, R.; Michaelson, Sh.; Hoffman, A.: Temperature enhancement of secondary electron emission from hydrogenated diamond films. In: Journal of Appl. Phys. 106, 063715 (2009)*

/Sto 02/ *von Stockhausen, A.: Einfluss der Plasmavorbehandlung auf die Haftung von a-C/Si:H-Schichten auf Stahl. Bochum, Ruhr-Universität, Fak. f. Physik und Astronomie, Dissertation, 2002*

/Str 11/ *Stroth, U.: Plasmaphysik: Phänomene, Grundlagen, Anwendungen. Wiesbaden: Vieweg+Teubner, 2011*

/Stu 64/ *Sturges, D. J.; Oskam, H. J.: Studies of the properties of the hollow cathode glow discharge in Helium and Neon. In: Journal of Appl. Phys. Vol. 35, No. 10 (1964), S. 2887-2894*

/Stu 67/ *Sturges, D. J.; Oskam, H. J.: A qualitative theory of the medium pressure hollow cathode effect. In: Physica Vol. 37, No. 3 (1967), S. 457-466*

/Tia 10/ *Tian, X. B.; Jiang, H. F.; Gong, C. Z.; Yang, S. Q.; Fu, R. K. Y.; Chu, P. K.: DLC deposition inside tubes using hollow cathode discharge plasma immersion ion implantation and deposition. In: Surface & Coatings Technol. 204 (2010), S. 2909-2912*

/Til 11/ *Tillmann, W.; Hoffmann, F.; Momeni, S.; Heller, R.: Hydrogen quantification of magnetron sputtered hydrogenated amorphous carbon (a-C:H) coatings produced at various bias voltages and their tribological behavior under different humidity levels. In: Surface and Coatings Technology 206 (2011), S. 1705-1710*

/Vah 95/ *Vahedi, V.; Surendra, M.: A Monte Carlo collision model for the particle-in-cell method: applications to argon and oxygen discharges. In: Computer Physics Communications 87 (1995), S. 179-198*

/Vet 14/ *Vetter, J.: 60 years of DLC coatings: Historical highlights and technical review of cathodic arc processes to synthesize various DLC types, and their evolution for industrial applications. In: Surface & Coating Technology 257 (2014), S. 213-240*

/Voe 97/ *Voevodin, A. A.; Capano, M. A.; Laube, S. J. P.; Donley, M. S.; Zabinski, J. S.: Design of a Ti/TiC/DLC functionally gradient coating based on studies of structural transitions in Ti-C thin films. In: Thin Solid Films 298 (1997), S. 107-115*

/Vor 09/ *Voronov, M.; Ganeev, A.: Model of microsecond pulsed glow discharge in hollow cathode for mass spectrometry. In: Spectrochimica Acta Part B 64 (2009), S. 416-426*

/Was 12/ *Wasa, K. (Hrsg.); Kanno, I. (Hrsg.); Kotera, H. (Hrsg.): Handbook of Sputter Deposition Technology: Fundamentals and Applications for Functional Thin Films, Nanomaterials, and MEMS. 2.Aufl. Waltham.: Elsevier, 2012*

/Wac 09/ *Wachtendorf, C.: Entwicklung einer Plasmaquelle zur lokalen Beschichtung von Innen- und Außenflächen und deren experimentelle und numerische Charakterisierung. Lübeck: Der Andere Verlag, 2009*

/Wit 14/ *Wittenburg, J.; Richard, H. A.; Zierep, J.; Bühler, K.: Das Ingenieurswissen: Technische Mechanik. 1.Aufl. Berlin: Springer, 2014*

/Zah 07/ *Zaharia, T.; Sullivan, J. L.; Saied, S. O.; Bosch, R. C. M.; Bijker, M.D.: Fast deposition of diamond-like hydrogenated carbon films. In: Diamond & Related Materials 16 (2007), S. 623-629*

8 Akronymverzeichnis

a-C:H	Amorpher diamantähnlicher Kohlenwasserstoff
Al_2O_3	Aluminiumoxid
γ	Isentropenexponent
C_p	Molare Wärmekapazität bei konstantem Druck
C_v	Molare Wärmekapazität bei konstantem Volumen
C_2H_2	Ethin o.a. Acetylen
d_{Kap}	Außendurchmesser der Kapillare
D_{Probe}	Innendurchmesser der Bohrung
DC	Direct current, dt.: Gleichstrom
DLC	Diamond-like carbon, dt.: diamantähnlicher Kohlenstoff
ε_0	Dielektrizitätskonstante des Vakuums
EDX	Energy Dispersive X-Ray Spectroscopy
E_{kin}	kinetische Energie
f_{Abtast}	Abtastfrequenz
f_{Signal}	Signalfrequenz
F_{Vor}	Vorkraft beim Härtemessverfahren nach HRC
$F_{Prüf}$	Prüfkraft beim Härtemessverfahren nach HRC
HCD	Hollow cathode discharge, dt.: Hohlkathodenentladung
HFK	Haftfestigkeitsklasse (1 bis 6) als Angabe der Schichthaftung
HRC	Härtemessung nach Rockwell, Skala C
k_B	Boltzmann-Konstante

Kn	Knudsen-Zahl
L	Ausdehnung eines Stoffes
L_{hyd}	Hydraulischer Durchmesser
L_{Probe}	Länge der Probe
$\bar{\lambda}$	mittlere freie Weglänge
λ_D	Debye-Länge
MEMS	Micro-Electro-Mechanical-System/Sensor, dt.: elektromechanisches Mikrosystem
MFC	Mass-Flow-Controller, dt.: Massenflussregler
n	Anzahl an geladenen Teilchen
n_0	Anzahl positiver Ionen
N_2	Stickstoff
N_D	Anzahl von Ladungsträgern in der Debye-Kugel
n_g	Teilchendichte
$Q_{Ar,\ zKap}$	Argongasfluss durch die Kapillare mit Angabe der Kapillarenposition
Q_{Ar}	Argongasfluss, entspricht $Q_{Ar,\ Kap}$
$Q_{Ar,\ Kap}$	Argongasfluss durch Kapillare, ohne Positionsangabe der Kapillare. Ohne Zusatz entspricht dies Q_{Ar}
$Q_{Ar,\ Rez}$	Argongasfluss in den Rezipienten über die Rezipientenrückwand
Q_{C2H2}	Acetylengasfluss
Q_{Ges}	Summe aller Gasflüsse
Q_{TMS}	Tetramethylsilangasfluss

p_{Probe}	Probeninnendruck
p_{Pirani}	Druck gemessen mit Pirani-Vakuummeter
p_{Rez}	Druck im Rezipient
PECVD	Plasma enhanced chemical vapor deposition, dt.: plasmagestützte chemische Gasphasenbeschichtung
r	Wirkungsradius
REM	Rasterelektronenmikroskop
s	Dicke der Plasmarandschicht
σ	Wirkungsquerschnitt
sccm	Standardkubikzentimeter pro Minute
SIMS	Sekundärionen-Massenspektrometrie
t_{Besch}	Dauer des DLC-Beschichtungsschrittes
$t_{Puls-Pause}$	Dauer der Pause bei gepulster Gleichspannung
T_e	Elektronentemperatur
TMS	Tetramethylsilan
U_0	Beschleunigungsspannung in der Plasmarandschicht
U_{REM}	Beschleunigungsspannung am Rasterelektronenmikroskop
U_{Max}	Maximalspannung während der gepulsten Gleichspannung
U_{Kulite}	Messspannung des Kulite-Drucksensors
$U_{Zündung}$	Spannung beim Übergang der anormalen Glimmentladung zur HCD
ugs.	umgangssprachlich

VCI	Volatile Corrosion Inhibitor, dt.: flüchtiger Korrosionsschutz
$\varphi(r)$	Potential einer Ladung
x	Stoffmengenanteil; Indizes stehen für das Element
y_{Probe}	Position auf der Probenquerachse
z_{Kap}	Position der Kapillare
z_{Probe}	Position auf der Probenlängsachse: Verwendung bei Schichtdickenmessung, Schichthärtemessung und bei Schichthaftungsmessung

9 Abbildungs- und Tabellenverzeichnis

9.1 Abbildungsverzeichnis

9.2 Tabellenverzeichnis